拎得清

乔迦 ◎ 著

天地出版社 | TIANDI PRESS

图书在版编目（CIP）数据

拎得清/乔迦著.—成都：天地出版社，2021.8（2022.1重印）
ISBN 978-7-5455-6370-2

Ⅰ.①拎… Ⅱ.①乔… Ⅲ.①女性－心理压力－心理调节－通俗读物 Ⅳ.①B842.6-49

中国版本图书馆CIP数据核字（2021）第075887号

LIN DE QING

拎得清

出品人	杨 政
作 者	乔 迦
责任编辑	王筠竹
装帧设计	创研设
责任印制	王学锋

出版发行	天地出版社 （成都市槐树街2号　邮政编码：610014） （北京市方庄芳群园3区3号　邮政编码：100078）
网　　址	http://www.tiandiph.com
电子邮箱	tianditg@163.com
经　　销	新华文轩出版传媒股份有限公司

印　刷	天津融正印刷有限公司
版　次	2021年8月第1版
印　次	2022年1月第3次印刷
开　本	880mm×1230mm 1/32
印　张	8
字　数	186千字
定　价	49.00元
书　号	ISBN 978-7-5455-6370-2

版权所有◆违者必究

咨询电话：(028) 87734639（总编室）
购书热线：(010) 67693207（营销中心）

如有印装错误，请与本社联系调换

have a clear mind

目录 CONTENTS

推荐序：给自己一个不再崩溃的理由 _ 001

前言：知道很多道理，依然过不好这一生 _ 007

Chapter 1 关于"女权"，你无法叫醒那些装睡的人

当我谈论"女权"时我想谈论什么 _ 012

我们如何审视婚姻内部的"权利" _ 022

充盈的人生从来就不怕老 _ 027

关于"女权"，你无法叫醒那些装睡的人 _ 031

年龄对于女人来说真的那么可怕吗 _ 035

女性在婚嫁时索要彩礼可耻吗 _ 039

去性别化，两性之间需要更多了解和平衡 _ 043

两性在"性"的问题上是平等的吗 _ 047

男权社会，男性是不是受害者 _ 051

男性也拜金吗 _ 055

顺着时间活，抛开社会给女人制定的审美标准 _ 059

女性独立之性独立 _ 063

尊重女性从停止物化女性开始 _ 067

异性之间的文明尺度在哪里 _ 071

承认"爱是有条件的"才会过得更好一点 _ 075

谈恋爱是件正经事 _ 079

爱能随心，但"对"要约束内在的小孩 _ 084

别傻了，消消费就能测出他的真心？_ 088

爱是体谅 _ 092

现在的你喜欢什么样的人 _ 096

幸福从来不是简单的事情 _ 100

Chapter 2

如何在人生的『低处』与自己相见

主动觉察情绪，就不会只动感情不动脑子 _ 106

当生活进入"僵局" _ 111

第一场直播，我拉黑了直播间留言最多的人 _ 115

努力享受做一个普通人 _ 120

孤独是一种无法被分享的从容 _ 124

"享受当下"的正解是认真地对待当下，认真地做出选择 _ 128

困难从来不是你的理由 _ 132

浪漫是种生命力 _ 136

良性的沟通来自正向的表达 _ 140

没有错误的选择，但有更高效的选择 _ 143

每个人都需要被解读 _ 147

"不分你我"的深情应该如何维系 _ 151

不做伤痛里的被动者 _ 155

如何在人生的"低处"与自己相见 _ 159

疫情下的最后一个工作日 _ 163

暗夜前行，你只能点亮自己 _ 166

Chapter 3

别把人生活成人设

你不必那么好 _ 172

你的"自我否定"拆除掉了吗 _ 176

请拒绝他人任何形式的"定价" _ 180

别把人生活成人设 _ 183

借口越多，给自己设置的出口越窄 _ 187

成年人要尊重他人默默删除的"礼仪" _ 191

请不要再拿"穷"这个理由为自己遮羞 _ 195

让直面冲突唤醒你的"逆反"思维 _ 199

好好生活，别怕错过 _ 203

别让自己陷入"孤岛"之境 _ 207

更好地维系平衡,需要一道屏障缓冲 _ 211

内向的人也可以好好地表达 _ 215

去靠近那些让你变得更自信的人 _ 219

全情投入你当下的"角色扮演" _ 222

我想保有"不喜欢"的权利 _ 226

想快乐,你要学会拆除伪命题 _ 229

写在最后的寄语:我想送你一点"力量" _ 233

附:乔迦二十问 @ 乔迦 _ 237

推荐序

给自己一个不再崩溃的理由

一路走来,会有好多际遇,都不用盘点,就能看到坏事好像总是多过好事。

尤其是这一年,坏事就仿佛约定好一样,接踵而至。

三十五岁+的我,面临了两场浩劫:失业、失婚。一方面,从前随便在招聘网站挂一挂简历就不愁工作机会,现在鲜有猎头再问津,原因自然和网上三十五岁失业现象的分析一致——性价比不高、职场活跃度余额有限、创造能力下降等。另一方面,我经历了几年感情至上的婚姻,过了一段外人看起来还不错的日子,在父母健康危机、物质配置危机的压力下,才发现和我共处一段婚姻的人,并不能为我分担什么,不过是睡在一张床上的陌生人罢了……

我很清醒地知道人生还没有崩盘,但又忍不住崩溃。不再年轻,下一步的选择更加重要,我一边细数手里的筹码,一边控制不住地陷入了焦躁状态。

与这段伤痛同步的还有时间,它才不管你是好事多还是坏事多,它该走的还是走。这一年很快就进入了尾声,就在最后这一个月中旬的一天,好友发过来一本书的电子稿给我,跟我说:这是我签的乔迦的新书,你帮我看看,顺便想想书名吧。

那天,我坐在海淀的一个写字楼里——我临时找到一份和之前经历还算匹配的工作,有一间自己的独立办公室,但每天干的工作让我痛苦不堪,因为负责的项目完全看不到营收,更看不到前景。就这样,我用焦灼的心态,快速浏览了电子稿,在两个小时以后,我主动发出一个请求:我可以为新书写个推荐吗?

这是三个月的时间内,我的第一次"主动"。

因为我发现,看过里面的内容,想了很多,心居然静了很多。

先说几个触动:

一、价值观不一定要有体系,而是可以针对小事、琐事,学会面对,学会处理。

在过去的十年,我一直沉迷心理学,掌握了很多理论性的东西;在过去的三年,我一直用力阅读,训练自己的思维模式。喜欢和别人聊逻辑、思维、思想,自认为个人认知和价值观都非常清晰,但是在处理一些小事上,却发现并不是那么回事儿。

比如,遇到事情的时候总是情不自禁地看到负面的一面;会觉得身边很多同事太不专业,做事能力不足;做表格、写文案的时候总会特别低落,觉得自己不应该做这些小事;讨厌别人催稿,但是行动力很差，会因为催促变得更暴躁更懈怠。

自省、自谦、耐心、自律，道理都懂，甚至还能头头是道地说出应对方法，可实施起来就只剩下拖延了。

生活过得好不好，这么多年个人积累了什么，其实只有自己知道。

每次被猎头带来的坏消息冲击时，我总是感叹一句：大环境不好。但是问题究竟在哪儿？还不是在自己身上！借口越多，真正面对、处理问题的能力就会越萎缩。

梳理再多的思维模型，真不如把一些小事做好，并汇总成自己的方法。

我到底能做什么？这个无关价值观，但与价值相关的问题，我似乎在这本书里找到了属于自己的答案。

二、承认并甘于平凡，说不定也是一个让生活变得更好的契机。

曾经和朋友讨论过"精神之苦"的话题，我一直以来的苦，是无法接受越来越平凡的自己。"大家都是普通人"这句话，相信很多人也都特别接受，但是不是真的发自内心地接受呢？

上小学的时候，老师给过我永记一生的称赞：以后你一定是一个女将军。

"女将军"，多威风，是统帅，是一个群体的代表。我希望成为女将军，也坚信自己可以成为女将军。但是三十多年过去了，我没有成为女将军，甚至都没有成为一个合格的士兵。

还记得有一位旁观者评价我是心高气傲，我当时对这个评价感到愤怒。"我以后肯定不是一般人"似乎就是我的信念，说我心高气傲，那岂不是就预言我完成不了自己的追求和梦想？

后来身边越来越多的人，成为创业成功的"80后""90后"，我惊然发现自己并不属于我定义的优秀者，我还是普通的职员，还是挤地铁上下班的打工人，说是公司中层，拿的薪水还不如很多其他行业的"90后"。

很长一段时间，我因为自己的不优秀感到痛苦。后来慢慢接受了自己的平凡，却觉得这是一个很丧的定论。至于最终享受、接纳自己的平凡，我没想到居然就是一瞬间的事情。

觉察是改变的开始，想必，接纳就是享受当下的开始吧！

三、别在需要动脑子的时候动感情，"不留情面"节省精力。

婚姻不幸会导致一个很恶劣的结果：不自信、不会拒绝。不懂拒绝是一个人晚熟的表现之一。根本原因所在，就是不重视自己内心的需求，不懂得和别人保持边界。

婚姻中过分的隐忍，会在内心形成积怨，内耗掉个人的判断智慧，消耗掉对他人说"不"的勇气。

看，这些道理我也懂，但是很多时候面对无效社交我还是无法开口说"不"，面对别人的无理要求我总是不好意思拒绝。

婚姻不幸还会导致另一个恶劣的结果，尤其对女性：负面情绪总是随时出没。有时候别人的一个动作、一句话，都能让人情绪波动，忘掉了理智，冲动行事。我因为和当时的伴侣吵架，把情绪带到了工作中，丧失了好多次机会；因为埋怨对方的冷漠，经常会把"大不了一无所有"的最坏念头前置；因为不懂拒绝对方的要求，我成了被婚姻和家长约束性推动的角色，经历了三年试管求子之路……为了防止自己的负面情绪波及无辜，我会刻意掩饰，尽量让自己时刻散发"善意"。

我怕争执，怕被拒绝，怕拒绝别人产生内疚，总把"不至于""没必要"挂在嘴边，却被越来越多由"不好意思"带来的无效社交浪费了时间和精力。

前同事让我去她所在的公司上课，我不好意思推拒；朋友让我买保险，我不好意思拒绝；合作方不给结算光让干活，我不好意思直接要账……这些"不好意思"让人很烦躁，我只能在事后默默消化，消化不了的时候，就变成了情绪的外化——不会先动脑子分析利弊。

这真是婚姻不幸导致的吗？或许是，更或许不是！

懂自己的需求，会提要求的人，才会更理性，在很多事情上才会进展顺利。

发完写推荐的请求之后，我又把稿子看了一遍。有一些事情也变得更加通透。凡事拎得清，才能让自己过得很舒心吧！

之后的一周，我写下了这篇文字，并同步提交了离职申请。

前路依然艰辛，但谁不是在经历呢？

拎得清自己，看得透生活。这些抚慰人心的文字，是让成年人少一次崩溃的理由。让平凡的自己再多遇到一些好事的际遇，光是想想，就有动力了！

张小雨

2020 年末于北京

前言

知道很多道理，依然过不好这一生

当我动笔写这篇前言的时候，这本书刚好写到一半，剩下一半写什么内容，其实我还不大清楚。这本书距上本书《不抱怨不抱歉》出版已经三年，每次因为上本书去签售或做活动时，都会被问到很多问题，而基本都绕不开几个共同问题，那就是：

为什么这些道理我都知道，我却依然做不到？

为什么这些道理我都懂得，我却不快乐？

想必，这应该是全人类的共同烦恼了。这也是我的烦恼，于是我就想，为什么我们那么容易不快乐？为什么我们知道真相却还不成功？

直到我想出答案——道理，其实不是帮你解决问题的。

我们都知道人生来就是要死的，可能有的人活得短些，有些人长些，但终归是要死的。死亡是件大事吗？当然是的。我们知道死亡在那里等着，我们知道这个真相，那么理论上我们应该做出的反应大概有两个：一个是我们知道死亡在那里，活着的每一天我们便倍感珍惜；或者恰恰相反，因为我们知道死亡终究在那里，所以我们觉得活着是一场空欢喜，一切都无意义。

但事实上，死亡在那里，我们并没有就格外珍惜每一天，也并没有因此觉得无意义，也没有因此每日都处在对死亡的恐惧之中。我们每天被什么左右呢？是现实里远远没有死亡重大的各种鸡毛蒜皮的小问题。比如，领导是不是对另外一个同事格外关照？晋升机会最后会是自己的还是别人的？我喜欢的对象也一样很喜欢我吗？要为了赚更多钱去接受一个不太喜欢的工作吗？我在大城市一个人很自由，父母却说我在浪费生命……

你看，让我们懊恼的、沮丧的、被击中的，包括让我们欢喜的、高兴的、安慰的，其实都不是多么深刻的真相或道理，而就是这些鸡毛蒜皮的小问题。我们活着好像就是为了处理这些日常问题，这些小问题让人们几乎无时无刻不在生起得失心，有了高兴或难过、满意或愤怒，这些情绪时刻左右着我们快乐或者不快乐，而我们明明知道的那些大道理并不能解决这些日常的小问题。

所以，明明知道很多道理，我们依然不快乐，其实是正常的。明明知道很多道理，我们依然觉得没有把生活过好，也是正常的。套用网上看到的一句话——与想象中一模一样的生活是童话，而与想象中不一样的生活才是人生。

想必，这是每个成年人终将要面对的一个课题。生活是没有标准答案的，生活是一场个人经历，即便有同样的处境，不同的人会做出不同的选择,从而得到不同的结果。

所以,没有一个所谓的"道理""真相""答案",你得知之后就能解决你的人生难题,就能快乐或者幸福,它顶多给你的是一点点启发和慰藉,更多的依然要我们跌跌撞撞去完成。而写这本书就是希望带给恰巧看到它的你一点点启发、慰藉和陪伴,或许我书中所写你并不完全赞同甚至反对,但多一个视角终归不是坏事。

谢谢你选择阅读这本书。如果你刚好在经历书中所写的情景,希望它能安慰你、帮助你。

Chapter

1

关于『女权』,你无法叫醒那些装睡的人

当我谈论「女权」时我想谈论什么

"女权"在现实的语境中,是一个颇受争议的词,随之而兴起的还有什么"伪女权""田园女权"等,所以我每次跟别人非常正式地提到"女权"这个词时,往往对方的反应都让我感到尴尬甚至有些不快。那我们回到这个词本身的含义——女性主义,又称女权(女权主义)、妇女解放(女性解放)、性别平权(男女平等)主义,是指为结束性别主义、性剥削、性歧视和性压迫,促进性阶层平等而创立和发起的社会理论与政治运动,在对社会关系进行批判之外还着重于分析性别的不平等以及推动性底层的相关议题,保障其权利与利益。

如果从上述这个解释去阐述,想必大多数人都不会有太大的非议,更不至于让很多男性一听到"女权"两个字就像有人烧了他们房子一样。在我的一些文章下，偶尔会有一些男性读者留言给我，他们说自己并不反对"女权"，当然也谈不上赞同，因为他们根本不了解"女权"到底是什么。你跟他们说是为了两性平等，他们会说"不是很平等了吗"。

我愿意相信大多数人不了解"女权"是因为无意识，而不是出于恶意。基于这种相信，我想有必要摊开来说一说"女权"所指的"两性平等"或者"两性平权"到底指的是什么。

一、出生权

基于东方文化里较为严重的重男轻女思想，对于男婴女婴出生率，我们今天已经有非常详细的数据可以查看。在 2019 到 2020 年度适婚但未婚人口统计报告中，中国的未婚男性比未婚女性多出了约 3049 万。如此巨大的女性人口空缺，说明我们在过往人为选择中主动放弃了数量巨大的女婴，并且，在大多数被放弃的女婴背后，都是一个嫌弃和轻视女性的家庭。

而在这个嫌弃和轻视女性的家庭中，除了被放弃的女婴，怀孕的母亲也大都会遭受嫌弃和挑剔。哪怕已经到了 2020 年，这种情况依然很普遍地存在，在经济越落后、人的思想越落后的地区越是如此。

学过初中生物的人都该记得，生男生女往往取决于男性基因，假如一个家庭非常想要一个男孩儿而又生不出的话，那么该被指责和嫌弃的也是男性。但没人指责男性，男性更不会自责，相反女性却承担了这一切，迄今为止仍有很多女性认为不能生儿子是对不起丈夫、对不起婆家。

二、受教育权利

同样，越是在经济落后地区，女孩儿接受良好教育的概率就越低，比如，我们在网络上看到，本该用来扶助偏远山区女孩儿的专款竟然被派作他用。越是经济落后地区，女性的处境越是艰难，基本谈不上什么人生自主，完全被他人支配，因此即便她们个人再努力向上，依然会不停被打压被拖拽。试想：一个人要有多大的勇气、力气以及能力，才能从不断下陷的泥沼中挣扎出来？

我在做落地活动的时候，当我谈到男女之间应该尽量去性别化时，有很多人会提出，男女之间就是有差别啊，比如男性就更擅长做什么什么，女性就更擅长做什么什么。我的回答是，导致这些现象的并不是性别基因的差异，而是人为的资源倾斜的结果，在我们传统观念里，应当培养男人出人头地，而女人则要温顺贤惠，相夫教子，做好辅助工作。我们长期在这种人为塑造的传统中一代又一代人循环，结果我们看到了，到今天为止，对比资源时，中国女性相较于中国男性，或者说全世界女性相较全世界男性，女性占有的资源及优势可能连男性占有的零头都不够，因此她们依然没有什么话语权，哪怕她们提出的观点和要求正确又合理，她们仍然会被打压甚至被扭曲。

在这种人为倾斜的前提下，我们再说女性族群没有男性族群优秀，这显然是非常狭隘的见解。试想，在一个比较落后的山区家庭，父母拼尽全力供儿子读了医学院并考了硕士博士，留在大城市打拼扎根，而与此同时是读完初中就要放弃学业贴补家用供哥哥／弟弟读书的女儿，人至中年的他们，乃至他们的后代，当然会有截然不同的人生。我们无论如何也不能说这里的哥哥／弟弟比妹妹／姐姐优秀,因为这种所谓的优越完全是靠牺牲另一个人的人生来做养料,而在我们的传统中,被牺牲掉的这个人往往是女性。

三、财产的分配/继承权

虽然在法律程序上,我们讲究符合法律规定的遗产继承,但事实上,对于父辈的财产,父辈在世时早就为自己的儿女做了不同的分配。比如,在我们传统观念里,要给儿子买房是可以举全家之力的,虽然让父母出钱买房这件事我从根本上并不很赞同,但如果它是我们现实里必然存在的一个现象,那么为什么女儿没有享受到这种关照?

由此带来了另外一个女性被激烈控诉的问题——要房、要彩礼。因为女性在原生家庭中被界定成"无产一族",作为"无产一族"她们只能通过婚姻关系去获取财产,而同样因为她们是"无产一族",她们开始获取时,就背上了各种嫌疑、防范甚至污名。

如果父亲是一个国王,他会希望自己的女儿是无忧无虑高高在上的公主,却希望自己的儿子能继承自己的王位。这是两种不同的爱,但细想之下,对儿子的安排要比对女儿的长远得多。即便到了今天,没有了国王、王子与公主,我们现实中普普通通的父亲大多依然选择将家产交给儿子,而对于女儿,无非希望她们能找个疼爱她们的丈夫嫁了,顶多出一份还不错的嫁妆。

父母之爱子,则为之计深远。但对于很多现实里的父母,女儿对他们来说,不过是个要急于脱手急于拿来兑现的"外人"。不要以为这种不公平只会发生在家境不够好的"父母无奈"的情况下,事实上这种不公平处处存在,只是很多时候我们被教习得当它发生时我们都来不及反应。

我有一位女性朋友是土生土长的北京人，几年前去到上海，而当年去上海的原因则非常让人寒心。女生和哥哥两人都是高才生，一家四口和和美美，平日也没有什么矛盾，直到父母为了给哥哥买婚房，而把市内的房子卖了。父母退休搬到城郊住，日常并不很受影响，哥哥得到了房子，夫妇俩都很满意。而我的朋友，坐在几个女性朋友面前一边哭一边说："我不知道发生了什么，难道他们没有人为我想一想吗？难道没有人要问一问我的意见吗？没人注意到，我在我长大的这个地方一夜之间没有家了吗？"我在北京做落地活动时讲这个例子，在座的一位较年长的女士在后来发言时说她恍然大悟，说大家在传统的观念里对这种操作好像已经习以为常，却忽视了这种习性和传统观念带给家中女儿的不公平以及伤害。

四、同工同酬及晋升空间

同工同职级两性之间的薪酬普遍存在差异。有数据表明，男性薪酬往往要比女性薪酬高出 20%，在我看来，这是个保守的预估。几年前在我的团队中我先后招进来两个应届毕业生，一个女生，一个男生，两人是同学，且在此之前都没有工作经验，最后敲定薪资是人事部的事情。不久后我得知两人的薪资差异，还是吃了一惊，同样的条件同样的起点，女生最后谈到的薪资是月薪五千，而男生谈到的是月薪八千……

另一个例子是曾经跟我共事过的两个部门负责人。两人同样职级，带同等规模团队，工作属性也完全相同，在报全年的任务计划时，男领导报了八千万的流水，女领导报了两千万的流水。而以我对他们两人的了解，他们能力相当，甚至女领导能力会更强一些，对于他们所预报的任务量，女领导大概有八九成的把握，而男领导大概有三四成的把握……也就是说两人有把握完成的部分其实是差不多的，女领导高报出了20%不可控的部分，男领导高报出了70%不可控的部分。之所以做出这样的估算和判断，是因为我对于他们手上的资源以及工作进度非常清楚。但老板并不清楚这些，试想这两个数据报到老板面前，老板会做何反应？老板有很大很大的可能性会认为这个男领导比女领导工作能力强很多，所以从主观上更为关注，也会倾斜给他更多的资源和帮助。

上面两个例子都是在男女能力基本相同的情况下，由于男性的自我表达或者说呈现出去的规划更多，结果给自己赢得了更好的条件和更多的机会。尽管他们对自己"虚高"的成分可能完全没有把握。

这其中存在几个原因。比如女性往往对自己的评估更保守，对目的性也更保守，男性则相反。也就是我们常说的女性往往没有显现出男性那样的动力和野心，她们可能更实事求是，更有责任心，但缺乏目的性和信心往往会让她们错过本该属于自己的机会。

我们将老板假设成投资人，他能够倾斜资源给你便是你需要争取的机会。有的人脚踏实地认真负责，她跟老板说自己的规划是去掉成本后年度盈利达到四百万，而另一个人是怎么说的呢，他说可以让流水达到八千万。当然，性别不是唯一的要素，但大多数的女性会选择前一种叙述，而男性往往选择后者。作为一个投资人，听到四百万盈利他是不激动的，让他激动的是八千万的流水，所以他选择把机会给这个向他描述"八千万"美好未来的人，至于这个八千万到底能否实现，我们看看每家公司里几乎一年一换的经理人就知道了。但有趣的是，下一次你让投资人再做选择，他们依然会选择能描述"八千万"美好未来的人。毕竟，想"赌赢"是人的天性中的一部分，尤其对于一个野心勃勃的商人来说。

所以，当女性为自己争取机会的时候，一定要注意这一点。你的对手可能并没有你优秀，但如果他表现得比你优秀，那么你就可能错失属于自己的机会。通常本分的人会指责这些夸大其词讲虚话的家伙都是假把式，但是当你以老板或投资人的身份去选择时，你会发现确实正是这些"假把式"更受欢迎，因为这是老板们的所需。你处于竞争中时，就不要带什么道德审判和包袱，毕竟，在这个场合下你需要的仅仅是赢了对手。

除了女性自身表现上的局限，还有一个更社会性的原因：女性普遍性地大规模地参与社会性工作及活动，是最近三十年才逐步形成的趋势，对比我们千百年历史中女性所处的地位，她们所拥有的资源及话语权都极其有限。因此，即便到了当下，依然有太多人戴着有色眼镜来界定女性群体，否则我们就不会频繁听到"女人能成什么事？""何必跟女人一般见识"。轻视和否定，这是在我们早已习惯的男权社会中女性往往会遭受的，所以即便你很有能力，即便你的能力并不比男性差甚至更强，但出于这种隐蔽的原始思想，很多人依然认为女性能力要比男性差一大截。有这个前提在，他们便会顺着这个点在女性身上找出各种问题来证明自己的观点。遗憾的是，目前绝大多数的老板都是男性，且是男权思想非常严重的人，在这样的上司面前，作为女性你想获得平等的机会，确实太难了。

五、那些被诟病的"女性专属问题"

"您是否结婚了呢？有孩子了吗？孩子几岁？"

"还没结婚？打算什么时候结婚呢？"

男性在面试时往往不会被问到此类问题，即便被问到，也只是人力做简单的了解。但对象若是一位女性面试者，那这些问题就会有一个准确的翻译——你会不会为了怀孕／生育／照顾孩子而影响工作？从你的回答中，人力会迅速判断近两年内你是否有生育的打算，如果有，他们可能选择拒绝你，哪怕面试官同样是一位女性。

我身边有太多类似的例子，女领导因为怀孕休产假被降级架空，因为怀孕在职位竞争中失掉机会，孩子太小导致找工作考虑因素太多、选择受限，包括女性因为怀孕带来的生理变化导致在职场上与同事发生摩擦，生理期需要请假被领导指责，工作压力太大身体吃不消病倒而被挑剔……

这些都是由女性本身生理的自然属性带来的"局限"，而在职场上，则演变成了"女性专属问题"。但对于男性的问题呢？我们好像认为男性没有问题，认为男性如果成家了应该更有责任心更上进。那我来假设一个情况：如果一个男性员工抽烟比较频繁，假设他每天抽六到十根烟的话，每次要花费十分钟下楼去吸烟区然后再回来，那么这个男性员工每天在工作时间里要花费一到两个小时去抽烟。为什么人力在面试男性应聘者时不考虑这些问题呢？

我们为女性设置了各种"专属问题"，以这些为由来拒绝女性，好像我们把这个世界交给男性就会一片大好，他们无所不能，事实上呢？那些在上班时间打游戏、抽烟、开小差、找人吹牛的男员工还少吗？

女性生育，不仅仅是"一个女人怀孕"这么简单的概念，它关联着她的家庭的支持、单位的关照、社会制度的优待和保障等。如果这三者我们都认为与己无关，怀孕只是这个女人需要自己去解决的问题，那么结婚率与生育率会继续暴跌。毕竟，女人们的真实想法都是"既然生育没那么难，干脆让男人试试"，可事实是子宫长在她们的身上，她们无法做选择，当她们不得不去承受这份重担时，需要身边的人都帮她们一把。

六、在家庭内部付出的劳动价值

前面我们提到了，女性往往没有男性那么明确的竞争意识和目的性，加上生育问题，大多数女性往往在事业与家庭的选择中向家庭倾斜。很多人甚至会认为她们这是在"回避更大的压力和风险"，而事实往往是她们分身乏术，只能如此。

当女性有意识地选择服务家庭时，那么她在职场上的上升空间和薪资待遇往往就会止步，甚至会下降。在很多情况下，如果有些女性为了备孕而辞职，往往结果都不像她们预想的那么乐观，她们很难再回到职场，至少很难得到自己满意的岗位和待遇。

中国男性骨子里可能都有"皇帝"思想，他们对待女性的态度是"占有"，而不是成熟地经营家庭关系，所以当他们觉得已经"占有"了这个女人，且这个女人又开始"贬值"的时候，他们就会认为自己不容易，好似整个家庭重担都落在了自己身上。这样狭隘且短视的男性在现实生活中并不少见。

我在其他篇章中会讲到，女性在家庭内部的付出依然具有其价值，且这个价值如果换算成市场价格的话，恐怕男士们根本支付不起。她们在个人发展与守护家庭中，选择了后者，却因不懂尊重她们付出的偏见和狭隘而遭受来自家庭内部甚至社会的白眼。

到今天，我们在网上看到越来越多的人呼吁女性千万不要为了家庭完全牺牲自己。但我们不得不说，就像女性的生理属性，有些"牺牲"是她们无法回避的，但这个度是要每位女性提高警惕来把握的，毕竟，我们这个社会，尤其男性族群，对待女性价值普遍依然停留在忽视和否定阶段。在这种思想下，女性的巨大付出，实在谈不上有什么保障，这也正是为什么在家庭关系中女人已经觉得自己累死累活十分吃力，而男人还会轻蔑地说："带带孩子跟一群妈妈聚聚会，有什么辛苦？你都不知道我多羡慕你……"

的确，现实里有太多太多的男性会对女性说"我多羡慕你"，因为在他们看来，女人从头到尾活得太容易。

我们如何审视婚姻内部的『权利』

李安导演在接受鲁豫采访时，两人聊到了家庭问题，当时他有过这样一段话，他说："我做了父亲，做了人家的先生，并不代表说，我就能很自然地得到他们的尊敬。你每天还是要来赚他们的尊敬，你要达到某一个标准，这是让我不懈怠的一个原因……"这可以算是关于如何经营家庭关系或婚姻关系最好的一个答案了。

另一位年轻男艺人在接受采访时，被采访者问到平时会不会帮忙做家务。他反问记者，为什么说是"帮忙"呢？家庭是两个人的，身为男主人做家务本就是应该的，而不是帮女主人的忙做了家务。这个回答，当然也是满分。

以上两位的回答在网络上被热转，说明两位男士对待家庭和另一半的态度完全是教科书级别的。这些男士身上具备的"尊重和体谅女性"的优秀品质非常珍贵,因为这样的品质在当下大环境里实属稀有。而这些优秀品质成立的前提是什么呢?

是一个人对于自身角色的自察,对于自己与他人关系的审视、解读和平衡。

在我们传统的家庭结构中,男性往往会因为天然的性别而拥有"权利优势"。这个"权利优势"包括作为家中男丁的优势、作为家族继承者的优势、作为丈夫的优势、作为父亲的优势、作为一家之主的优势……因为这些天然的优势,他们趾高气扬,好像是其他所有人的管理者和领导者。这种情况下,去谈什么体谅家中女性或孩童弱小?

导演徐峥在接受《十三邀》采访时说,他很感叹中国女性身体巨大的"韧性",这个韧性让她们无所不能,但她们把这份韧性更多地放在了维系家庭上,如果她们放在其他方面,想必她们会有非常大的成就。

为什么女性群体身上会有如此大的韧性?这跟她们长久以来必须依附男性、依附家庭、维系夫妻关系、保持家庭和谐是不是有巨大的关联?所以她们一般不会像男性那样坚决果断,更不会像男性那样意气风发,即便她们拥有诸多美好的品质和能力,也始终并没有将个人的"自我"排在第一位。

我们谈论"女权",说女性的自我价值认知,其实我们是在召唤女性认知"自我"的同时,也希望异性群体能看到她们的"自我"。因为只有被看到,才会被正视,才会被尊重。但就像前面所说,男性的传统思维以及习惯,让他们非常固化地认为女性只是被领导者、被管理者、依附者和服务者，所以女性到底怎么想的，处于一个什么样的生存状态和精神状态，对许多男性而言并不重要。这种生活在同一屋檐下的"无视"和差异化真的是扎向女性心头的一把利刃。

韩国电影《82年生的金智英》中，即便丈夫大贤已经算是体贴了，但是耽于家庭育儿、照顾丈夫、顺从婆婆的智英还是患上了产后抑郁以致人格分裂。而在智英的成长中，她明明是放学后被人跟踪骚扰，却还是被自己的父亲指责，被责问为什么去那么远的补习班上课，如果不这么晚回来不就不会被跟踪了吗？在智英患了人格分裂后，父亲良心发现，为了表现关爱女儿而给智英买了一包"她爱吃"的红豆面包。然而当弟弟将面包拿给智英的时候，智英却说："这是你爱吃的面包啊。"

东方家庭中的女性被忽视，基本已是普遍情况，除非父母是非常开明的人。除此之外，每个女性基本都会被打压、被管束、被教化、被催婚……她们由原本被"父系"权利者支配换成由"夫系"权利者支配，而其间，懂得尊重太太的丈夫或尊重女儿的父亲是少之又少的。

我们可以看到，大多数女性在家庭中从一开始就失去了主动权，而成了"服务者"或"服从者"。而男性在拥有天然权利优势的前提下，有没有留意观察和重视这一现象？他们是否清楚自己的光鲜体面是源于家中女性的默默支持和付出？还是认为一朝自己得势，身后的灶膛妻便配不上自己了？对这些问题的思考，展现出的是个人的认知、教养和觉悟。

从社会化的角度看，女性同样是被边缘化的，她们会因为要照顾家庭，尤其是要面临生育问题而被用人单位挑拣和排斥。如果你是一位已婚但未育的女性，面试时 HR（人力资源）大多心里会打折。我曾经的一位女同事就因为有两个女儿，当时面试她进来的 HR 对她持怀疑的态度，HR 说她四年生了两个孩子，那在职场上能有什么建树。

虽然这个分析从某个角度讲有一定的逻辑道理，但足可见职场环境对于孕龄女性多么不友好。很多竞岗者因为怀孕而落选，很多管理人员因为怀孕而被闲置，回到职场后可能已是一番新天地，早没了自己通过辛苦努力才得到的位子。

大多数的女性，仍将自己的时间和精力花费在家庭上。尤其在一些小城市小地方，很多女性一旦生了孩子便很难再返回职场，从而成了全职的家庭主妇，而她们大多会遭遇什么？

被丈夫嫌弃，丈夫觉得自己很辛苦要一个人养家；被婆婆嫌弃，婆婆心疼自己的儿子，完全看不到儿媳在家庭内部的付出；如果孩子教育得不够好的话，甚至还要受孩子的嫌弃。一位女性因整个社会的限制及家庭整体的需求而选择回归家庭，结果却遭受了双重的背叛。

我们应该重视女性在家庭内部的付出，这是女性在发挥她们巨大的价值。她们投入时间、精力、心血、爱来维系一个家庭的稳固，而她们换来的却往往是背叛和挑剔。记得几年前有篇网上传得很热的文章，大概是说若将一位全职家庭主妇的劳动力换算成社会劳动价值，你会发现没有几个男性雇用得起一个全职家庭主妇。但在我们普遍的意识里，我们却仍然认为全职家庭主妇不过是闲散妇人，是家庭的纯消耗成员。

目前越来越多的女性选择成为职场女性甚至为此不婚，究其根本，是她们已经在其他同类身上看到了这样的风险和境地，所以她们宁可选择单身或不婚也不想交出自己人生的主动权。我们一直在提倡提升婚配率降低离婚率，甚至出台了相关政策，可是如果在婚姻内部女性没有得到相应的尊重和保障，她们又该拿什么样的筹码去走进婚姻？

充盈的人生从来就不怕老

《乘风破浪的姐姐》节目爆热，一下成了各平台的头部流量话题，其实节目本身的内容依然很局限。打造"女团"，要求女嘉宾们能唱、能跳、少女感、长得好、具备灵动感……这是过去女团的标准，而现在，被节目组拿来套在各位姐姐身上。如果一直按照这个思路做下去，那么这个节目的内核其实没有多大意义，不过是披了一个"姐姐"话题的外衣。

上次引爆"姐姐"话题的是刘涛和刘敏涛，而这次三十多位姐姐中，相信随便拎出哪个都可以独立开篇，更遑论伊能静、宁静这种从文艺事业到人生阅历都比作品更纷杂精彩的女人。

宁静被请去参加《饭局的诱惑》，其中一个问题是："如果有一个选择，你要不要回到二十岁？"宁静的答复是："我好不容易才长这么老,才有这么一颗不会被随便摧毁的心,我怎么舍得?我不舍得我变得年轻。"这是面对关于女性的老生常谈的话题时,姐姐们一如既往自信、笃定又从容的回复。

这个话题之所以被反复提起,说明这里面不同角色、不同人群对"女性年龄"这个问题有不同认知。我们不妨从两个切面去打开它。一个是生理切面所有指向:"你不再年轻貌美""那么多姑娘都比你年轻""你不是最好的生理状态""不是最佳的生育年龄"……

但就像我写过的许多文章里一讲再讲的,女性的婚育价值不等同于她的全部价值。在所有价值中,一个人的自我价值应该排在其他价值属性之前,当然,这里每个人都有为自己的价值做排序的权利和自由。但当一个人自己为自己设定的价值排序与外界为她设定的价值排序发生冲突的时候,她就会受到质疑、打压、攻击、贬损。

这个时候,我们应该做什么?

懊恼?沮丧?愤怒?不,什么都不必做,因为这里运行的是两条轨道,各有各的生活准绳。对于这些既不理解女性又不尊重女性还跑来指手画脚的人,女性大可不必放在心上,归根到底一句话——关他屁事!

《乘风破浪的姐姐》播到目前,已经受了很多吐槽,基本都是说明明这么一群有实力有故事有个性的女艺人聚在一起,为什么要让她们扮小姑娘呢?做她们自己不好吗?做她们自己当然是好的,但估计节目组也并没有想出什么高明的策划能让她们做自己,所以来了这么一个简单粗暴组女团的形式。

为什么"姐姐"话题如此容易引爆?因为姐姐们的人生都是乘

风破浪励志版本。经历过起落得失、爱恨情仇,见过人情冷暖,甚至熬过人生的最低谷,熬出来后依然乐观豁达,这样的女人怎不让人欣赏?

我身边有诸多现实版本的"姐姐",其中一个是我最好的朋友。姑娘从小家境还算优渥,父亲是厂长,母亲是大学教师,一家人和和美美、心地纯善。我的朋友是独生女,如果按照计划的脚本,父母希望她成家生子,老两口退休后还能帮忙带带孩子,退休金不少,也可以拿来补贴她。

以上是她妈妈告诉我的,而讲这些时,她父亲已经去世,肠癌,发现时已晚期,反复医治,受了不少苦,依然没有撑过去。她父亲临去世前还张罗让朋友帮她介绍对象,希望能看到她有个着落,日后有人照顾她。那时候我经常陪她跑医院,我们坐在医院的长廊上,她跟我说:"我知道我爸在想什么,但是我跟你说实话,我觉得现在这样很好,如果我结婚有孩子了,我就没有这十分的精力来照顾我爸了。"

那段时间朋友聚会,她照例出席,依然有说有笑,只是说到一些话题时瞬间就红了眼睛。她父亲去世后,她由原来没有任何压力、被保护得很好的独生女,变成了家里的顶梁柱,处理后事,修缮房子,换工作;为了拿到更高薪水,跟着项目从北京去了嘉善,又转到上海;忙起来的时候在车里啃面包,晚上跟我们语音时吐槽自己完全是个包工头儿。

但她还是她,生活没有让她挂上苦相,她依然积极乐观。从嘉善搬到上海的第一天傍晚,她在路边精品店做了一件旗袍。这是一个女人对生活的憧憬和爱。

疫情下人人艰难，后来姑娘非常果决地离职，拿了赔偿找了下家，一换又换到天津。她一直想回北京，因为亲人和朋友都在北京。原本计划我端午之前去上海找她，然后两人一起往回开，结果她新公司催到岗，加上北京疫情又起，她连开两天车直接到了天津，而我也被困在了这座城里。

我跟妹妹说，我真开心，我爱的女人回来了，妹妹说你们俩可真是够了！

肉麻吗？不，一起长大，深深参与和见证了彼此的人生，这情谊早就如家人一般，她们当然是我爱的女人。她们各自经历着自己的人生，虽然没有大放异彩，却如珍珠般被时间和沙砾打磨，那些红着眼睛的夜，那些痛哭的夜，那些无助的夜，那些不得不又醒来迎头去面对的一天，那些深吸一口气打上腮红巧笑乐观的应对……公主的童话自我们成人后就破灭了，那些心怀憧憬的女孩子没有活成公主，也不像那些极具煽动的标签一样活成女王，她们只是成了她们自己。

充盈的自己，经过时间和世事的洗礼，有一颗不再惧怕、不再敏感、不再容易碎掉的心，伴着岁月一直延展下去，枝蔓相生，花朵延绵，即便不在舞台上，不在大众聚焦点，也是最美最好的。

关于"女权",你无法叫醒那些装睡的人

前几天在一个聚会上,一个人知道我是位作家,问我写什么主题的。我说我主要写女性价值和两性平权,对方听后非常诧异,她说我是她认识的所有人之中,唯一一个直接告诉她自己是写这个的。

你看,随着"女权"以各种奇葩理由被污名化,研究"女权"的人好像成了一个特殊群体,好似倡导"女权"的人都是神经病。其实"女权"的内核不过是追求男女两性权益的平等,这哪有那么不可思议?搞得所有倡导"女权"的人好像都是什么见不得人的地下组织成员。

我当时就像被围观的稀罕物种,对方甚至直接开始了对我的"测试",问我对最近某位男艺人劈腿事件怎么看,林林总总。说实话,每次遇到这种场面我都觉得很尴尬,甚至觉得愤怒。其间自然聊到

了当年的"ME TOO"运动,顺便就提到了《房思琪的初恋乐园》。大家都知道这是怎样一个令人心碎的故事,作者最后还是艰难得撑不下去,选择了自杀。而在场男性的反应则是:第一,女人遭受侵害了首先应该报警;第二,每个人成长中都会受到侵害,男人都战斗回去,只有女人觉得那是伤害,男人认为那是经历;第三,这怪谁呢?这是我们的教育问题。

你看,他们多么冷静、理性、心思缜密,甚至听起来义正词严。但在现实里,女生遇到的绝不是报不报警这么简单的问题,阻挠她报警的可能是她的家人或她的恐惧,受理案件的警察可能龌龊到以为这是什么"桃色案件"而不是"刑事案件"。事实上很多类似案件的询问过程也都正是如此,我们没有看到对受害者的安抚、鼓励及给予她们帮助和安全感,却更像是责难、八卦甚至训斥。而那位举例说男生遭受挫折就会去战斗的人,很遗憾,他举的例子并不是男生被强奸,而是男生放学被高年级同学截路。我希望他最好能去询问一下被强奸的男性是不是也像他一样认为这种伤害如此简单,只要斗志昂扬反击就行,甚至反而有助于成长。

至于说到是教育问题,那在此之前我们没有接受过这种教育,现在开始可以吗?教育自身、教育下一代可以吗?但事实往往是,说这种话的人也并未行动,都是给自己扯了另一个理由来:"大家不都这样?"所以他们认为提倡两性平权的人是没事找事,我都怀疑他们其实从内心就认定提倡女权的人都是神经病。

他们很清楚自己是男权社会下的既得利益者,他们享受这些不平等,他们不愿意把已经占了的便宜还给女性,他们举双手双脚赞扬所谓的"女德",而不低头问一问自己的"男德"在哪里。对于女性遭遇的不公平，他们会说："有种你们自己战斗啊！"这话真是理直气壮啊。

人只有在良性互动的关系中才会得到滋养，尤其是女人，她们需要更多的支持、肯定、理解、陪伴和赞美，这些有助于女性提高自信，并且让她们因此在社交中更明媚一些。如果一个女性在亲密关系中一直处于被严重打压的状态，你根本看不到这个人散发出来的光彩，除非这个人内心十分坚定强大，但内心坚定强大的女性往往不会去选择一个不尊重自己的伴侣。

我很讨厌男性骨子里的大男子主义："女人懂什么？""女人能干什么？"记得有一次我在路上骑自行车，前面有两个小孩子，大概小学一年级那么大，一个男生一个女生。他们为一个话题争论，没有结论，最后男生说："你是女的，你得听我的……"正因为这种话是从一个七八岁的小男生嘴里说出来的，更让人心生反感——一个七八岁的男生就懂得性别歧视和性别打压了。当然，他不会有这样的意识，但事实上，他已经开始这么做了。

这是不是我们生活中的常态？绝大多数男性被质疑打压女性时，他们都不会承认，他们会扯出一大堆歪理以证明自己才是受害者，他们会说："女的想买包就买包，想翻脸翻脸，结婚时候要房子，我家钱都交给女人管，她们权利还不大？"生活里我已经屡屡碰到这种尴尬，基本上每次我跟对方说我是讲两性平权的，对方都会有这个反应。

这里有一个最核心的关键点：在我们的传统观念里，女性始终是服务者而非主导者，男性只认为自己是主导者。如果一个男性有这样根深蒂固的认知和观念，可想而知他对女性会是一个什么态度。

这样的男性在现实生活中有两种表现。一种是他们非常直观地就对待女性不友好，这种行径在今天的社会里越来越受到批判，所以相比过去或许有了一些好转。还有一种表现是比较隐晦的，他们表面对女性友好，但这种友好其实来自"我不屑于跟女人一般见识"。显然，这依然不是真正的友好，而是另一种潜藏的歧视和傲慢。

在从前，我们好像很少倡导一位男性要如何欣赏和尊重一位女性，以至于有些男人竟会认为对一个女人最大的肯定就是将她占为己有。说到底，这是男性对自己的肯定，而不是对异性的肯定。由此，在很多两性关系中，并未见到男方有多么尊重和爱惜自己的另一半，因为他们的关注点始终聚焦在自己身上，而不是在两个人的关系上。

当下结婚率暴跌，离婚率攀高，背后真正的核心因素其实是女性意识的集体苏醒。她们不再甘于做一个服务者或服从者，在经济上她们有了自给自足的能力，她们可以独立为生并且可以将自己的人生规划得很好，因此她们不愿再忍受不理想的伴侣关系，不愿再去忍受一个让她们为之不满的男人。

面对这种"矛盾"，解决方案是，要么逼女性倒退，要么逼男性进步。很遗憾，除了很小众的一撮人在倡导男性进步，我们能看到更多操作都是在逼女性倒退。正因如此，讨论两性平权或许会长久地遭遇尴尬，因为你无法叫醒一个佯装睡熟的人。

但同时，那些苏醒过来的女性意识，就像那些决意要长成森林的树木，你又如何拦得住它们呢？

年龄对于女人来说真的那么可怕吗

年龄对于女人来说真的那么可怕吗？

答案是，不。

不信你看看最近刷爆网络的两位女明星就知道了。一位是唱《红色高跟鞋》的刘敏涛，一位是直播时与刘敏涛一起连唱带跳嗨到干脆抱起刘敏涛转圈圈的刘涛。两人一个四十四岁，一个四十二岁。有女性公号直呼看到两人如此欢乐，看来"姐圈儿"的秘密兜不住了。

那么，"姐圈儿"的秘密到底是什么呢？就是世人别瞎操心了，大龄女性过得好着呢！

我们假设一下，如果此番唱《红色高跟鞋》的是个二十岁出头的小姑娘，舆论反应会如何？可能也会引爆话题，但绝不会像刘敏涛这么火爆、逗趣以及正面,更有可能发生的是,站在两位前辈面前进行如此"出格"的表演,这姑娘会被很多人怀疑是在搏出位(除非她是个谐星)。但这不是最要紧的,最要紧的是一个二十岁出头的年轻姑娘根本不敢这么表演,哪怕这极有可能是她真实的一面而不是做作,总之因顾及形象她万万不会在台上如此"妖魔"。

只有过来人,那些从战战兢兢、羞羞答答、心高气傲的小姑娘变成了"老娘"的人,才做得出来这样的事,因为到这个年纪这个人生阶段,她们的内心独白大概都是——老娘怕什么?!

是啊,怕什么呢?美的丑的都见过,善的恶的都经历过,赞誉有时落寞有时,最难的时候也大概是一个人撑过来,甚至帮一家人撑过来,如刘涛。这样的女人还怕什么呢?她们的人生根本不需要其他人去搭救,或许她们确实曾深陷困境,但她们就是披荆斩棘为自己摆平一切难题的解局人。这样的女人怕你说她搔首弄姿,怕你说她出位做作?别逗了,她们早就不活在他人的评价中了,她们只要自己开心就行了。

所以萧亚轩带小她十六岁的男友上《吐槽大会》时直接台上秀恩爱、"撒狗粮",会怕有人说"秀恩爱死得快"吗?怕什么,爱的时候痛痛快快地爱,爱完了,就等下一次爱再来。王菲、李亚鹏、周迅、窦靖童一起蹦迪,场面欢快,有人评价"贵圈真够乱的"。错,这些人能聚在一起并不是因为"贵圈乱",而是"心够大"。

想想人生滚打半辈子,尤其在如此现实的娱乐圈,他们什么没见过,什么没遇过?就算喜欢过同一个男人或者嫁过同一个男人,只要当时没有深仇大恨,回头再看基本都是毛毛雨,算得了什么?当事人对此都明白得很,唯有围观的人跟着瞎操心。

这种操心，是娱乐八卦的操心，更是对"女人"的操心。但为什么操心呢？

因为在我们根深蒂固的思想中，"女人要有女人的样子"。她们要沉默隐忍、温柔善良、规规矩矩不显山不露水，在什么年龄就要干什么年龄的事——这是我们这个社会一直贴在女性身上不愿撕下来的标签。否则怎么会有"大龄剩女""老处女""老阿姨"这种形容，要知道被形容成"老阿姨"的人也不过才三十出头而已。足见，我们拿年龄这道红线卡向女性的时候从未友善过。

关于女性过得怎么样，以上举的都是女明星的例子，或许不具有很强的说服力，因为女明星相对来说是颜值高、收入高、保养好的一个群体。那么日常大众女性呢？

答案是，她们过得也不错。

我曾问我身边的一众女友，是更喜欢二十多岁时的自己，还是更喜欢现在的自己，答案无一例外都是后者。

这里当然有不断丰富的经济收入和物质条件作为保障，但这不是最大的亮点，最大的亮点是当她们争取这些看得见的收益时，更大的收益则是她们能力的增长、内心的成长、意志的坚定、心境的开阔——这才是让她们更快乐满足的事情。

在二十岁时，她们固然年轻，但其实并不知晓"我"是谁，"我"要做什么，"我"要过怎样的一生。但是在三十岁时，她们已经完全知晓了，知道了自己是谁，知道了自己的能量，知道了自己要往何处去，有什么比这种坚定更让人振奋的呢？

青春自然是生命的莫大恩赐，但同时也是我们还处于"未知"

时的一只无形枷锁,它限制了我们对世界的认知,对自我的突破。这当然不是一种错误,而是青春的迷宫游戏。直到有一天,你从这个迷宫里走出来了,你才发现原来自己兜兜转转不过方寸之地,才发现原来自己绕了好多弯路,才发现年少无知的自以为是禁锢了自己。我曾跟朋友开玩笑说,"我在二十七八岁之前觉得买菜提塑料袋都很有损形象"。现在回头看,这个形象是什么呢?看客又在哪儿?都是妄谈。

不得不说,虽然我们始终拈着年龄的红线往女性身上卡,试图使她们低下头去,使她们为不再年轻貌美而羞愧,使她们自认不再年轻而价值贬损,使她们向生活向命运低头,但事实上女性可能并不会任凭我们这样去做。

她们或许不再盛开在异性的眼界里,但她们在各自的生命里却愈开愈盛,并且会一直延续。只要她们要盛开,她们便有底气和自信一直骄傲下去。就算我们这个社会始终不能学会欣赏女性自我盛开的姿态,从现实反应来看,她们也绝没想着要去低头。大不了,大家在各自的世界里各自快活,但对于那些臆想她们过得不好的人,或者认定她们所谓的过得好一定是自欺欺人,其中酸楚不足为外人道的人,只能说他们脑子里的人生终极奥义不过就是男女搭配,让他理解这些超纲的问题确实太难了。

女性在婚嫁时索要彩礼可耻吗

现代女性在婚嫁时索要彩礼的行为被今天越来越多的媒体抨击为陋习,好像一对对大好青年的美好姻缘就折在了丈母娘手里,棒打鸳鸯的黑锅就全由丈母娘来背。在大量的案例和讨论中,女方家庭在婚嫁时索要彩礼这种行为好像就越发显得龌龊,因此当事女性在接下来的婚姻关系里也就越发显得低人一等……

可是,等一等,好像有些环节被漏掉了。

我们来分析一下女性在婚嫁时索要彩礼的背后原因到底是什么。

对于家境相对好一些且父母也愿意为女孩儿付出的家庭来说,婚恋关系里彩礼和嫁妆基本可以持平,也就是钱财的出出进进不过是走个过场,双方面子上都好看。这显然是相对来说最为理想的一种状况。

跟这个稍微有些类似的状况是，女方的嫁妆其实就是男方给的彩礼，这笔嫁妆没有返给婆家，而是给了成婚的女儿。父母对自己的孩子有考量，希望女儿手头宽裕，小两口新婚起步的日子能好过一些，这样看来，倒也算是人之常情。

以上两种，其实都不构成太大的矛盾，真正出现问题的状况是女方索要的彩礼最终既没以嫁妆的形式回到婆家，又没以补贴的方式给到新人，而是被女方父母完全吞下了。此类情形哪怕是放在今天也不好看，用一个很难听的词来形容就是"卖女儿"。

在中国百年之前的传统文化里，除了一些颇为讲究的高门大户和颇为自持的岳父岳母，嫁女儿多多少少都有些"卖女儿"的嫌疑，否则我们就不会有"攀高枝""飞上枝头变凤凰""乘龙快婿"这些又现实又生动的形容。我们不得不承认，在普遍的情况下，出身高门的女孩子是少数，自持自重的女孩儿父母可能也是少数。

人们习惯沿袭旧习，不会反思，不会观察，不会自问到底合不合理。在几百年前的中国社会，女方家庭在婚恋时索要彩礼，从某种角度讲，其实是合理的。这种合理并不该由我们今天所说的"男女平等"来做评估标准，相反，它正是来源于当时社会严重的男女不平等——女性没有参与社会劳动获取劳动价值的资格，或者说当时社会提供给女性发挥创造自身价值的机会非常罕见，在这种情况下，女性被围堵在家庭内部，与男性达成"男主外女主内"的两性分工。

更早的时候，女性出嫁后，与娘家的关联少之又少。面对自己日趋老去，家中男丁又需要"讨媳妇"的本钱，于是很多父母把女儿出嫁这种事定成了"一锤子买卖",希望能够通过嫁女儿多多获益,以期望"我没有白白养你一场"。这种心理和现象之所以会出现,是因为那时男丁才是绝对的劳动力,所谓"养儿防老",另一层意思就是能够给父母养老送终的多为男丁,对于家中的女孩儿,好像真的是"白白养了她那么大,嫁出去了跟娘家就一点关系都没了"。在这种心理驱动下,女方父母的小算盘打得精响,恨不得通过嫁女儿赚个盆满钵满,毕竟女儿出嫁之后就是个"外人",如何贴补自己、贴补是"自己人"的儿子才更重要。

但在今天,父母如果仍然把女孩儿当作外人,那实在是有些不像话,且脑子完全不清楚。因为在当下的社会里,女性也成了同等重要的劳动力,她们有能力赚钱养活自己,这也意味着她们有能力和担当为父母养老。在这样的情况下,身为父母如果还要不停榨取女儿的价值,把从女孩儿身上榨取来的好处都贴补在家中男孩儿身上,实在是很不理智。

我们可以看到,越来越多的现代父母开始开明起来,愿意为自己的女儿投资,帮助她们成为"有产阶级"(特别是独生女),让她们在起步时可以与男性同步。但还是有很多女孩儿,如果不能靠自己的能力赚到第一桶金,有可能一生都是"无产"。

因此,有些女性在婚嫁时索要彩礼也好,要求男方在房产证上写上她们的名字也好,归根到底,都是因为她们自身是完全借不上任何外力的"无产阶级",不被压榨已是幸运。我们当然承认向他人索要是可耻的,但当社会上的大部分资产和财富通过一代又一代的人为选择都流向了男性的时候,"赤身肉搏"的女性只能通过婚姻这条途径向男性再索要一些回来，与其说这是女性的可耻，不如说这是她们的悲哀。

身为女孩儿，她们在太多时刻都被当成了外人，不管是在婆家还是在娘家。而我们都知道，在我们的日常观念里没有为外人着想、为外人投资的道理。

因此有些父母就有了惰性的借口，认为只要自己的女儿能找个金龟婿，就总有人能为自己养老，所以在女儿择偶时，他们越发加重了经济砝码。归根到底，他们考虑的根本不是女儿的幸福与前程，而是自己。

为人父母，因为自身的懒惰把这种压力转嫁到女儿身上，是很可耻的。女儿作为当事人背着"索要无度"的污名，而她们自己却又完全不是此中的受益者，这才是最可怕的地方。

现在有越来越多的女性正在成为"有产"一族，这有助于提高女性在两性关系中的地位。毕竟，我们的社会还没开明到在诸多事情上自觉并求本溯源地去分析和改变，更常见的情况依然是弱势的一方被揪出来打脸。那么多抨击女性索要彩礼的文章被大家高频转发拍手称快，可是我们为什么不问问到底是谁让女孩儿们千百年来都是"无产一族"，造成了她们不自觉地要去靠婚姻给自己带来所谓物质层面的安全感呢？

去性别化，两性之间需要更多了解和平衡

这几日明星胡可沙溢夫妇被送上热搜，缘由是在某真人秀节目中，胡可暴露出来的在婚姻里做小伏低不如意的状态。无论她做多少努力，沙溢都是不解风情，她满心欢喜一腔热情捧到对方那儿，换来的都是冷嘲热讽招人嫌。

因是明星夫妇，且有节目效果的因素，一时间夫妇俩的婚内关系被推上风口浪尖。很多人替胡可不值，很多人批评沙溢太不解风情、不懂怜香惜玉。可是细想一下，这恐怕是大多数夫妻的常态。

男性把哄女友哄老婆开心的行为称作什么？称作"求生欲"。虽是戏谑的说法，但也侧面体现了男性并不享受这件事。这跟我们对两性的分开教化有关，跟两性对彼此的认知、界定、期待也有关。我的一位男同事告诉我他在大学初恋前，基本没有怎么跟女生说过

话，因为在他所受的教育里，"男孩儿就该跟男孩儿扎堆，跟女生扎堆儿算什么男子汉"。这尚且算是"正向"的暗示，换作女生，大概她们从小所受的教育就会是"多跟女生在一起，总跟男生在一起会显得轻浮"。这说法都算是含蓄的，如果一个女生身边总是很多男生扎堆，太多不明就里的人第一反应是"这个女生家教不好，不正经"。天哪，小小年纪，不过是性格、喜好、做事风格可能更能跟男孩儿玩到一起去，就算两性相吸也是人之常情，怎么就上升到"不正经"这么严重的批判羞辱了？

可见，在我们的传统观念里，对与异性相处其实是非常排斥的，这就是为什么很多女生的妈妈在她们上大学前会严防死守不让跟男生多往来，而一旦上了大学却又立马催她们找个男朋友，最好毕业证、结婚证一起领。

这种管束十分粗暴，缺乏合理的逻辑、正向的引导和细腻的关怀，以致很多人长大成人，甚至一大把年纪了，对于异性的理解和认知仍仅限于自己的父母。在我很多次活动中，我发现女生会格外强调与父亲的关系，强调父亲对自己的影响，这说明父亲是她们过往经历中唯一能较密切接触的异性。她们通过父亲这一角色，发现原来异性的世界与自己的世界差异如此之大，对待同一件事的思维和态度很多时候也会截然不同，她们对异性眼中的世界的初始认知，仿佛让她们发现了新大陆。

所以，她们很容易被迷惑，很容易觉得"哇，这个男人好特别"。不，他们没什么特别，他们只是和你过往认知的女性不同而已，事实上，在男性族群里他们再普通不过。

假设一开始我们两性之间就彼此有更多的认知和了解，我们就不会在成人之后对于异性的种种举止大惊小怪。有一个常听到的说法是"女人看女人是准的,男人看男人是准的",的确,因为他们同在一个世界里,拥有共通的判断体系。但如果换作异性,这个判断标准就会被打乱,尤其是在你对异性群体比较陌生的时候。

记得很久之前看过一篇文章,大概是控诉亚洲女性的不独立,作者列举的那些能在路边给车子换轮胎的欧美女性真是有魅力又性感。当时这篇文章被热转,深得人们的赞同。但我们退回去细想一下,一个女人能给自己的车子或者别人的车子换轮胎,首先,她得有辆属于自己的车且驾龄较长,或者她是个专业的修理工,又或者她的原生家庭有辆车,刚好她爸爸鼓励她帮忙给车子换轮胎……

但这种条件在我们的成长环境里,基本是不存在的。我们的父母不会鼓励女儿换轮胎,甚至会禁止。女孩儿们在这样的教育下长大,自然也不会有"坚持自己换轮胎"的执念,更不会有这样的技术,一旦车子出了问题,第一反应当然是叫救援。

我们不能把在我们原生环境里根本没有的东西突然推至眼下,要求身边的人"你得这样,这样才好"。女生能自己换轮胎当然很酷,但不代表不能自己换轮胎的女生不独立,不代表她们什么事都要向男性寻求帮助。毕竟,现代社会是付费时代,她们可以通过付费来购买服务,而前来救援的汽车修理师,是不是男性又有什么重要的。

我们应该从小就学会不去排斥异性间的友谊,这样方便我们了解异性和异性视角,我们会在对方的世界里看到不同的东西。比如女性可以从男性身上学到更多的竞争意识、求胜心、主动性,而男性则可以从女性身上学到更多的同情心、宽容、谦逊。事实上这些特质在每个人身上都存在，只是在分开教化中我们将其分成了"女人该有的特质"和"男人该有的特质"，于是我们人为地去刻意强化和打压，最终造成男女两性好像成了截然不同的两种人。

截然不同的两种人在一起生活自然是难的，倘若处在热恋期，或许尚有热情和忍耐力去迁就彼此，也愿意去了解彼此的意愿。但热恋期一过，大概两人的相处就会变成一声叹息，这就是为什么很多伴侣关系、夫妻关系会"止步于此"。这个"止步"并不代表他们关系破裂或分手，而是指两个人的彼此认同和感知"就到这儿了"。想再深一步，对方却没有这个意愿，只能演变成无尽的抱怨和矛盾。这就是为什么胡可会在节目中哭。

伴侣关系、夫妻关系绝不仅仅是两个成年男女凑到一起搭伙过日子，它既需要现实层面的守望互助，也需要精神和情感层面的成长共进，而年纪越大的人，越注重核算成本、精力、体力、时间、金钱，如此种种。所以假如在我们的成长过程中始终缺少两性之间的相互认知和认同的话，对于固执又计较的成年人来说，重新去培养这些关联是非常难的，可能大多数人都会选择不配合。于是，我们只顾着自己我行我素，丝毫不介意在亲密关系里伤害对方的心。这是多么可怕的事情。

两性在『性』的问题上是平等的吗

理想状态下当然该是平等的,因为"性"的平等也是两性平等中的一部分,且占了很高的比重,甚至是很多问题的根因。但现实并非如此。

女性在"性"的问题上为什么做不到与男性平等呢?

罪魁祸首莫过于对女性贞洁观的教化,比如处女情结,比如一个女人和多少男人发生过性关系,我们总通过这些来对一个女人进行评价,而其根本动机其实是男性对女性的占有欲。这种占有欲其实是在宣誓"物权",也就是这个女人像货物一样属于"我",且最好她从一而终完完全全只属于我。

但女人不是货物,女人是人,她有她的人生轨迹,她会遇到她喜欢的人，两情相悦发生性关系，可能最后发现对方不合适而分手，那么性关系随之结束，直到下一次恋爱又开始。这是在人身上随着情感的发展而会自然发生的事。

男性对女性的占有欲说来有些滑稽，他们一边希望女性守贞，却又一边希望自己在性上占有更多的女性。后者一直是很多男性拿来沾沾自喜、自我吹捧的事情，好像他跟越多女性发生性关系，他的魅力就越大。

而换到女性时，我们则完全换了一个角度——一个女生多谈几场恋爱，多交几任男友，身边多一些异性围绕，在很多人眼里那简直是不得了的事情。归根到底，我们看待男女关系的视角始终就没有放平等过。我们常常认为男女关系始终是从属关系，如果我们从这个角度去解读男女关系，那恐怕任何事项都会出现问题。

首先，我们得意识到男欢女爱、两情相悦是一种平等的关系。男人可以爱一个对象，也可以爱几任对象，可以与之发生性关系，那么换到女性，也是一样。也就是在所谓贞洁和道德层面，我们要做到两性的平等。宽容是双向的，谴责也是双向的，而不是这个问题对于女性来说很严肃很要命，对于男性来讲却成了增光添彩的花边新闻。

从这个角度出发，这也是很多年长一些的人建议年轻人热恋时不要拍情色小视频的原因。这种东西一旦曝光，对男性和女性的中伤程度是完全不一样的，虽然两方都是当事者，都是受害人。哪怕爱得昏天暗地，女性首先要做的还是保护好自己，而作为一个好的伴侣，则要有意愿保护好对方。

这种保护包括性安全的措施，性健康的措施，避孕的措施。这是性关系里的双方应该达成共识的事情，而不是一方为了爽快（往往是男性）便为所欲为，而另一方为了不影响感情只能配合。

前段时间网上有一个话题让很多人愤怒。曝光出来的是一个全是男性用户的微信群，群里男人们讨论自己老婆怀孕后就没办法行房事，搞得自己无比郁闷。而群里的其他男性则纷纷"出策献计"，比如对另一半冷暴力逼另一半就范，比如在外面找其他女人解决，甚至有人提出偷偷给另一半下药，并渲染说这样做一定很刺激。

这些对话让人作呕，让人奇怪怎么会有男人仅仅为了满足自己的性需求内心就能如此肮脏。而同时女性又在想什么呢？在因自己怀孕期间无法满足男人的性需求而内心愧疚，担心这种情况下男人会出轨。

是什么样的教化让我们将以上这些完全错位的思想看成理所当然？又有多少人成了这种观念下的受害者？极端一点说，是不是女人不能满足男人的性需求，她们就不配活在这个世界上？还是说，除了性需求，对于男人来讲再没有什么更重要的东西？是否伴侣的健康不重要，伴侣受伤害不重要，伴侣要承担巨大风险也不重要？

如果这个社会上大部分人潜意识中就默认女方怀孕男方就会出轨，那这到底是谁的问题？

有很多调查数据显示，"婚内强奸"在婚姻关系里很常见，而这种情况往往是没有告发没有追责也没有后续的，留下的只是被强奸一方（往往是女性）所受到的心理和精神伤害。而在男性看来，"你不就是我的人吗？搞你一下你还要臭矫情？"

总之，我们可以看到，尽管女性天生就本能地对于"性"潜在的威胁怀有恐惧，使男性反而将"性"变成了压制和攻击女性的利器。他们通过"性"对女性进行身体侵犯、道德羞辱、名誉威胁，他们将女性看作"性"的工具，将两性关系看作女性在履行"性"的义务。针对这一点，我很难持有稍微乐观一点的态度，毕竟在我接触过的一些算是颇有学识见地的男性中，也有人天然地认为两性在"性"的问题上本就不平等也不该平等。他们为自己辩解，认为这是对女性的保护，而除此之外，还有一大撮女性在对女性同胞贯行着"荡妇羞辱"。

所以，在人为堆砌的这种不平等中，女性在"性"的问题上面临着更大的风险和伤害。在此情况下，具体到个人的建议只能是，你要更谨慎、更小心，态度更坚决地来保护好自己，不要在任何情况下心存侥幸。

至于我们呼吁男性在"性"方面提高道德感，或者期待整个人类社会降低对女性在"性"方面的道德要求，何时才能有一点点成效，有一点点进步？很遗憾，真的不得而知。

男权社会，男性是不是受害者

每次我讲"女权"话题的时候，下面都会有一群男士"哀号"。大概无非是说："你们女性的权利还不高吗？""不都是我们哄着你们吗？""没彩礼连媳妇都娶不到，我们男人容易？""老婆天天催上进催出人头地，我们容易？"

那么，出现这些问题的缘由是什么呢？是倡导"女权"？是提倡两性平权、两性平等？恰恰不是，恰恰是因为"男权"的存在。因为是"男权"社会，所以我们期待每一位男性都功成名就。如果你功成名就，就意味着你会拥有更多的资源，其中甚至包括女性，这就是我们一直以来习以为常的男权式思维。

但不是所有人都是成功人士，绝大多数人不过是普通人，这显然就给整个男性群体造成了极大的压力，这种压力是来自社会的审视,来自对性别成功的期待。事实上,作为普通人,每个人的人生轨迹都差不多,哪怕勤勤恳恳,也大多是过着平常且平凡的生活。如果我们连当一个平凡的人、当一个普通的人都要被指责,甚至自己感到无限挫败,这的确是种悲哀。

男性有男性的压力,女性有女性的压力,大家的压力来自不同的方面,但男性的压力恰恰并不是因为"女权"而产生,而是来自"男权"。

"身为男人,你要如何如何……"这同样是种压榨,只是我们对男性说这种话时,好像是在励志。但仔细想想,其实男女不是都一样吗?

在我二十四五岁的时候,我妈妈跟我说希望我谈个恋爱,找个有房子的男人。我跟她说北京房价很高的,大多数人可能终其一生都买不起。我问她她能在北京给我买房子吗,我妈妈说她也买不起。我说那道理是一样的,女孩子的父母买不起,男孩子的父母就买得起?大家都是一样赚钱的啊,没有谁比谁更容易。

上面这件小事能够反映出一个普遍现象,即女方家总是会期待男方买房,甚至长久地习以为常地认为男方家就该买房。从前男方出房出地是因为,在过去,女方嫁人后与娘家就没有太多关联,成了婆家人的"自己人"(假如婆家人真这么想的话),而成了娘家人的"外人"。所以在这种情况下,女方的婚嫁往往意味着"投靠",即从一个家庭出来,进入另一个家庭。过去的婚姻关系基本从属于家族关系,而不是一对新人组建一个新的家庭。那么当一个女人从一个家庭出来进入另一个家庭,接收她的家庭本身就是已经存在的,且它应该是相对稳固的。

但换到今天，我们的婚姻关系则变成了一对新人组建一个新的家庭，在此之前这个家庭是不存在的，它的基数是零。所以如果我们仍然按照过去的标准和期待，希望有一个现成的稳固的家庭来接收一位女性的话，这显然与当下的实际情况不相符。那么对于一个基数为零的婚姻家庭来说，它的所有建筑基础应该来自一对新人，这是最为理想的状态。只是在我们的习惯性思维模式下，在我们的传统中，父辈会去帮衬下一代人。曾经我对这个现象并不大赞同，认为父辈辛辛苦苦一辈子只是为了帮儿女去攒一套房子，没有必要。后来一次我的一位年长些的朋友跟我对话，她说："如果你换个角度，会怎样呢？将它看作整个家族对新人的投资，父母把自己积攒的条件投资给下一代，让他们比别人更容易更轻松地上路，这样他们的起点就会比别人高一些，未来发展可能也比别人更顺利一些。"我认同她的观点，但前提是这份投资要出自父辈的自觉自愿，父辈有投资家族后代的概念，也有能力和眼光，而不是理应如此。

理想的婚姻关系应类似于战友关系，两个人同进同退，有共同的目标，可以安心地把后背交给对方，而不是一方因掌握着更多的资源便有了支配的权利，同时却为了赚取这些资源而让自己精疲力竭。反之，另外一方也不应该是一边被支配一边被豢养。若是做不到，那么这种情形下其实没有任何一方真正轻松，没有任何一方是绝对的受益者，同时又因为大家各自面对的困难完全不同，失去彼此体谅和相互沟通的前提，便真的变成了"男人来自火星，女人来自金星"，双方都在为自己叫苦，然后彼此埋怨。

男性如果想集体变得更轻松，其实应该希望女性更强一点，当女性自身变得更强，她们才不会企图通过婚姻来获取自身的保障和利益。当这个前提得以实现，男性群体所面对的来自传统社会的期待和审视才有可能消失，大家各自变成愿意成为的人，而不是你理应做一个什么样的男人，或你理应做一个什么样的女人。

如果男性为了掩饰自身的"弱"，而只能寄希望于女性群体"更弱"，从而使自身的"弱"相对变"强"，这虽然是一个手段，但实在不太聪明也不太光明。

男性也拜金吗

在我们的传统语境里，我们一直在"物化"女性，这有历史文化原因，也有过去社会劳动结构的原因。到今天，尽管我们努力在改变，但我们会发现"物化"女性这种思维几乎无处不在。

与此同时，我们好像忽略了男人对金钱的态度，因为在我们的传统观念里，男性都是静默如山，扛下所有压力，辛勤付出、颇有担当、无怨养家的人，相比之下，女性无论怎么做都好似在衣来伸手饭来张口地坐享其成。这里面有我在其他篇章中提到的关于财产的分配和继承的问题——男性天然地成了"有产一族"，女性天然地成了"无产一族"。女性在没有经济保障的情况下，她们的"想要"好似就变成了贪婪，这是时常被我们忽略的一个根因。

而男性天然地成为"有产一族"，会导致什么呢？如果他是有责任心的人，大概会将原生家庭给予的资源传承和发扬光大；但如果他不是，且内心秉性并不算纯直的话，这些资源则会养成他的坐享其成。

为什么那么多姐姐被称为"扶弟魔"，正是因为以交换女性权益、压榨女性劳动价值来让家中男性直接获益的情况，迄今为止仍普遍存在。前几天新闻里就有一条姐姐辛苦打工攒下二十万，母亲直接拿走要给弟弟娶媳妇用，女孩儿坐在路边崩溃大哭的消息……

如果说女性通过婚姻向男性索要金钱和物质的保障是"坐享其成"的话，那么，男性在自身家族里其实一直也是"坐享其成"的。这里面还有个态度的问题，女性通过婚姻获取物质的心理大概是"我希望你给我"或者"我认为你应该给我"，而男性在家族中的不劳而获则是"这就该是我的"。你看，比女性理直气壮多了。

前几天在豆瓣网上看到一个帖子，帖主分享了她爷爷奶奶的婚姻生活，说最后她奶奶去世其实是因为奶奶生病后爷爷一下变了脸，既不照顾还外加恐吓。楼主说奶奶还在世时给她讲当时如何看上她爷爷的，她奶奶说："当时大家条件都不好，一个个都灰头土脸的，唯有你爷爷，天天穿得干净体面，让我觉得这个小伙子真精神啊。直到结婚后才知道，他的衣服都是姐姐们给洗的……"事实上，中国大多数男性，都是在这种被女性照顾的环境中长大的，这里面甚至包括来自女性的重男轻女的思想。很多女性，尤其是年长一些的，认为顺从男性，把所有好东西都留给男性是理所应当的。

纵然一方面男性肩负着"男人当家"的期许，但另一方面，他们在这种原始权利的庇护下，其实无形中将压力转嫁给了其他人，也就是说可能看上去这个男人是一家之主，但实际上是他背后的姐妹们在集体供养他。

试想一下，在这种背景下成长起来的男性，会有什么责任感，又怎么会懂得尊重和体谅女性？无论女性付出多少，他都会认为女性不该保有她们的劳动所得，而该统统上缴给他，因为他才是"一家之主"。

女性的拜金行为好像是给男性造成了很大的困扰和压力，但男性这种天然的不劳而获心理对女性造成的剥削则是毫无转圜余地的。如果一个男性足够开明，他应该懂得家中姊妹对他没有任何义务，她们拥有各自的人生，应得到父母同样的期许和培养，她们拥有同样的继承权，不必为了贴补和照顾他而牺牲自己。但现实往往是，在原生家庭中，男性选择了做个"得天独厚"的人，而在搭建婚姻关系时，他们又冒出来了新潮思想，希望女性能独立，不要向自己索取。这真是里里外外无死角地盘剥和压榨女性。

因为男性往往是"有产一族"，所以我们总把女性看成索取者，我们忽略了从源头上去追问为什么只有男性成了"有产一族"。当搞清楚这个问题后，我们会发现，男性对获取金钱的执念其实要比女性的执念更可怕。

在我们传统的观念和传统的社会背景中，女性不得不把劳动所得交出去，而如今，女性群体普遍走出原生家庭，独立生活供养自己，于是我们好似得到了一个普遍性的结论，认为男性在倒退。我已经在很多场合听到不同的人说当下的男性显得特别不上进，而女性则充满向上的积极意识，不断突破自己，并称当下为"阴盛阳衰的时代"。但换一个角度想，或许并不是当下的男性出了什么问题，而是他们长久以来被女性集体供养的链条变得岌岌可危甚至完全断裂：他们不再是天然的一家之主，不再能轻易将别人的劳动成果算为自己的，不再能把姐姐们的打工钱齐刷刷换成自己要盖的新房子。当这种供养链条断裂时，我们发现男性其实也并没有那么优秀强大。而与此同时，他们早已养成的眼高手低、拿来主义、唯我独尊仍然存在，这就是当下一部分男性非常让女性讨厌的原因。

所以，一个人对获取劳动价值的态度，对获取金钱权势的态度，体现了这个人内心是否中正，这跟性别并没有必然的关联。相较我们早被碎碎念洗脑的"女性拜金"观念，男性这种获取资源的方式才更该让人警惕，因为女性通过婚姻获取资源，无论如何也谈不上是牺牲男性群体，而男性的这种获取，则是实打实地在牺牲女性群体。

顺着时间活，抛开社会给女人制定的审美标准

在亚洲文化里，对女性年龄问题的态度始终算不上友好，尤其在当下的中国，三十岁之上的女人就会被叫作"老女人"。媒体夸赞或贬损一个女明星的依据无非是她上了年纪后是否保养得好，身材是否依然如少女，五十岁的人是否保养出了一张二十七八的脸。就连前段时间的高考新闻，腾讯当日的头条新闻竟然是《考点外跪谢母亲，高颜值妈妈惊呆网友》。这标题让人看着很无语，前后没有逻辑不说，明明重点应该在高考上，结果落到了妈妈的颜值上。由此可见当下新媒体对女性的外貌已经鼓吹到什么样了。

一些男性对女性"年轻貌美"的痴迷程度，几乎已经到了反智的地步，当然，这里面也包括很多女性对"年轻貌美"的盲目热情。

一个典型的案例是，格力董事长董明珠女士在做一场活动的时候，被一位女大学生问道："如果我和您互换身份，您愿意吗？"女大学生之所以提出这个问题，无疑，在她眼中"年轻"是她最高价的筹码。女性的"年轻貌美"这种筹码，如果不兑换，那么其实就谈不上有价值，而将这种筹码拿去在男性面前兑换则是最便利的。

一个是通过性别福利从他人那里兑换来的价值，一个是早已通过自身努力实现的自我价值，不客气地说这两者根本没有可比性。但就如我们日常看到的，有太多人认为"年轻貌美"这种价值是女人的最高价值。

在这种畸形的女性价值鼓吹里，女人被催婚、催孕，强调少龄，强调姣好外貌甚至强调是处女。反过来说，在很多人的潜意识里，女人如果年龄长一些那么便是贬值的，她不是美人也贬值，不是处女也贬值。

一个人的自我价值难道不是应该随着年龄、阅历、经验、能力的积累而上升吗？为什么我们在评价男性的价值时用的是这套标准，而评价女性的价值时则变成了"她不够年轻貌美，所以她一文不值"？

如果一个男性始终以"年轻貌美"作为最高评估标准来衡量女性，他肯定是轻视女性的，将女性视作"玩意儿"，认为女人的智能毫无价值。虽然很多人不会表现得很直接，但潜意识里却依然会有这种倾向，它会在关键时刻爆发，然后成为加诸女性身上的灾难。

我们通常认为那些高知一些的男性可能会更懂得尊重女性一些，但事实呢？其实是他们也并没有好到哪里去。男性长久以来习以为常的傲慢和对女性的轻视几乎无处不在。年长色衰的妻子们，在心理上其实已为年轻的后来者让路，于是，无论男人还是女人都在感慨——男人不都喜欢年轻漂亮的姑娘吗？全社会都将这种心态视为一种理所当然的常态。

在这种默认下，任何一个女性都会掉入"性别年龄陷阱"。我见过很多女性，她们在工作和事业发展上都不错，但其中一些人在私下里依然表现出对婚恋的焦灼，以及自认在婚恋关系中是"贬值"的。形成对比的是男性对她们的态度。从事业上看她比很多男性都发展得好，她们理应自信。但即便是那些远不如她们的男性，依然可以嘲笑她们在婚恋市场中的"贬值"。更微妙的是，男人们对这类女性的焦灼津津乐道，好似他们占到了什么便宜。

一个人从年轻到年长，再到逐渐衰老退化，是再正常不过的事情。一个三十五岁的女性身体生理机能和生育机能都不如一个二十五岁的女人，我们当然承认这点，因为这是生命的科学，这是大自然的规律。但我们很少听到有人说一个三十五岁的男性身体生理机能和生育机能都远不如一个二十五岁的男人。难道这不是事实吗？这当然是事实，却被人们下意识地忽略了。人们在这个问题上产生了严重的双标，比如我们常听到的那句"男人三十一枝花，女人三十豆腐渣"。但是，请注意，大自然没有放过任何一个性别，任何一个人、一个个体都在不断走向衰老死亡，所以在这一点上，男性与女性并没有什么区别。我们一味拿"年轻貌美"这种标准来裹挟女性，实在是用心险恶。

一个不允许女性变老、不尊重女性变老的社会实在是有些荒唐。而一个不允许、不尊重自己的妻子或女伴变老的男人，实在是太过浅薄。请不要拿"男人本性"这种说辞来给自己的低级做掩饰。

女人真正的自由不是老来还能做"冻龄女神",而是可以安安心心、快快活活地做个年长的平凡妇人。如果一个男人选择了一个女人一起度过一生,却不能接受她随着时间变老,除了皮相,不能欣赏她的内在和智慧,这种男人也实在不必要。

人的自我价值包括很多方面,外在的、心理的,物质的、精神的……这些综合在一起,才是一个人的自我价值,而不是说够年轻、够貌美就是一个女人的全部价值。我们必须意识到,对于"人"这个属性的认同和尊重,要排在性别的前面。

我们总在强调尊重女性,为什么?因为长久以来,女性在与男性的对比中一直处于弱势。而这种弱势是由很多因素造成的,比如体力的差异,比如长久以来资源的单向倾斜,比如在过往我们对女性设置的种种限制和束缚……而这些,让今天的男性看起来相对优秀。身为男性,该明白这种相对优秀其实是由种种"不平等"拉出的差距,而不该认为自己是男性就高女性一等。

就算男性始终不能学会以平等的视角看待女性,始终认为女性的自我价值等同于性别价值,那也并不代表男性就能从其中获得什么好处。其结果不外乎有两个,自我价值高的女性与你形同陌路,而将自我价值等同于性别价值的女性则需要你买单。

所以,"尊重女性"真正的意义并不是指男性对女性的态度,而是男女两性去性别化地相互理解、共同分担和成长。那些将"尊重女性""提倡两性平等"看作是给女性单向利好的人,视野实在狭窄。

女性独立之性独立

在上一本书《不抱怨不抱歉》中,我提到了关于女性独立的几个方面,比如经济、情感、思维等。但在最近这几年的观察中,我发现对于实现女性独立来讲,"性独立"也很重要。如果女性在根本上没有"性独立"的意识,她们可能永远会受制于人。

有些女性会囿于社会普遍观念,认为性是羞耻的,是不洁的,会陷入"荡妇羞辱",甚至在这种思想影响下,形成同性之间的相互攻击。

她们在受到性压迫时不敢声张,或者认为声张也没用。尤其在亲密关系里,女性认为性是她们对伴侣的义务。实际上,男性提出的很多女性认为不妥的行为,比如不用防护措施、录视频、拍照,以及一些特殊癖好等,无论哪一种,都应该是两方自愿的行为。但往往女性表示拒绝后，男性会用一大堆说辞做诱导，而女性在此情况下会怕扫对方的兴致，怕影响两人的关系，甚至会想如果自己不接受，对方容易找其他的女人猎奇。在这一系列心理的驱使下，女性往往会选择同意。但如果我们去问女性她们是否真的喜欢，是否真的愿意接受，答案往往是否定的。

这是女性在性关系里、性过程中受到的潜在压迫，它可能看上去不是强硬的，不是暴力的，但因为女性的诸多考虑或恐惧心理，她们往往会在此过程中就范，并且很难因此获得快感。长久以来，我们好像根深蒂固地认为男性在性的问题上就像脱缰的野马，随时都渴望新奇刺激的交配；而女性则大多想的是：如果自己满足不了对方，对方出轨怎么办？影响了感情怎么办？对方对自己不满意怎么办？

如果我们去做一个调查，或者去问一问身边的女性朋友，恐怕很多人都有这种隐蔽的恐惧心理，因为她们被灌输的观念就是——满足男性是她们的义务。

我们不得不承认，在性的问题上，男性大多处于强压女性的状态。这源于他们的力气比女性大，源于对于性他们比女性更依赖更看重，源于性往往不会给他们带来什么社会性的道德伤害，也源于他们不用承担意外怀孕或人工流产的风险和损害。

由于两者间如此大的差异，往往女性在界定自身时，就会把自己代入被动角色。这种界定其实潜在地让女性把性定义为功能性的，好像女性的性只是为了满足和配合男性。而如果女性在性的问题上变成主动的一方，则是非常羞耻的事情，理应被以各种恶的措辞评价。

这些评价有可能是私下里的，也有可能成为公然攻击一位女性的枪口。我们可以对比一下被曝出"性丑闻"的男性当事人和女性当事人在事后各自有怎样的经历，哪一方承受了来自社会的更多的恶意，哪一方更难从这种中伤中脱离出来。

网上曝光酒店针孔摄像头偷拍的案例层出不穷，其中有一例是一对情侣被偷拍，男方承受不了曝光后造成的压力提出和女方分手。请问在这个事件中，女方做错了什么？她难道不是受害者吗？而男方所谓的承受不了压力，并不是说他自己面对的压力，而是这个社会对他女友的看法。

哪怕是在你情我愿的性关系中，保护好彼此也是两个当事人应该具备的基本意识。而在两性的性关系里，女性往往要承受更大的伤害和风险，所以保护好女性才是男性应该做的事情，而不是男性以为自己做得很好了，轻飘飘的一句"她也是成年人，她没拒绝不就是同意吗"，就可以拿来给自己开脱。

女性的性独立意味着她们的身体独立，意味着她们可以自由地支配自己的身体，而不必因此遭受他人的道德批判和谴责。当然，首先她们应有保护好自己的风险意识。她们不必因做或不做而羞耻，不必因想做或不想做而羞耻，不必认为性是她们的义务，也不必认为在性关系中自己只能从属。

她们喜欢时可以说"我要"，而不是缄口；她们不喜欢时可以说"我不要"，而不是逆来顺受；她们被不熟悉的男性僭越地聊到性话题时，可以直接说"老娘的性生活关你屁事"，而不是为了维持所谓修养还要刻意找话题让男性下台阶。当男性可以堂而皇之地说男人都喜欢年轻漂亮的肉体时,她们可以大大方方说,谁不是呢!

我曾在网上看到一句话,大概是说女性如何活得像男性那样肆意——只要她们能够做到像男性一样不道德。这当然是一句针对男性的调侃,但其实非常准确地指明了两性间的不平等。所以,身为女性,应该有意识地解放思想,把贴在性别之上的许多标签撕下来,不要让它们成为被人中伤、陷害、压迫的契机。

尊重女性从停止物化女性开始

某日下班租了一辆共享汽车,发现驾驶位左手边贴了一张提示牌,内容是"请不要遗落您的钱包、宠物、女友在车内"。我跟同行的朋友吐槽,这种内容真是让人看了万分尴尬,制作者以为自己很幽默,却不知道这种所谓的幽默其实无知到踩了某些根本性原则的边线。

钱包没有能动性,你遗落了就是遗落了。宠物具有能动性,但可能意识不够,如果你粗心大意而你的宠物又不够聪明机警,确实也可能被遗落在车里。那么女朋友呢?"女朋友被遗落在车里"是什么鬼?她们是没有能动性还是意识不够呢?

再说,谁说驾驶员就一定是男性呢?现在女司机难道不多吗?

这条看似幽默友善的提醒,显现出来的,恰恰是对女性的贬低。

如果说钱包、狗都是属于男主人的物,那么此刻女朋友也被同化为男主人的物,这简直就是一个典型的物化女性反当有趣的错误操作。而事实上,这种错误操作在现实里处处可见。

因为这种集体无意识的对女性的物化偏见早已根深蒂固,很多针对女性的低俗又轻蔑的评价才会出现。比如"等你有钱了,什么姑娘没有",比如"女人不就是卖吗,结婚要彩礼不也是卖",比如"女人都目光短浅、爱慕虚荣",诸如此类。

很多人认为,女性的情感、意识、意愿和身体都是可以买卖的,只要你出价够高,什么样的女人你都可以得到。正是因此,每次有知名人士被曝出性丑闻时,大家第一反应是这一定是钱/权色交易,甚至有人会认为这些霸道总裁们一定是被人下了圈套,否则按照他们的财富值,他们什么样的女人睡不到,何必去性侵/迷奸/诱奸/强奸/猥琐女性(甚至幼女)?

我在其他篇章里提到了彩礼问题,提到了为什么女性在中国国情下始终是"无产一族",为什么她们要通过婚姻来获取财富。这并非源于女性自身的贪婪和渴望不劳而获。假使人类本性难以抵挡对金钱名利、优渥奢华的诱惑,那么,男性和女性的贪婪其实是一样的。只是因为我们看到的绝大多数案例中资源拥有方都是男性,索取方都是女性,所以我们给女性扣以贪婪索取的罪行。但为什么绝大多数男性成了资源拥有者,这个问题的内核我们却没有去追究。

这就好比两性的博弈中,男性带着他们天生被给予的资源坐在岸上,成了抛食的垂钓者,而女性跻身于没有保障的河流中,为了存活不断向男性的抛食靠拢,那么这种情况下,一个垂钓者对一条鱼又能有多少尊重呢?

我们一再强调女性独立，并不是在倡导她们抢夺更多的鱼食或者拒绝鱼食，而是说她们应该意识到自己不是鱼。但事实上，我们处于一个恶性循环中，我们的传统教育和绝大多数人的意识就是要把女性教化成能抢夺更多鱼食的那条鱼。

男女两性的关系，不是垂钓者与鱼群的关系，也不是猎人与猎物的关系，而是人与人的关系。人与人的关系中需要平等、尊重、体谅，需要我们尊重对方的价值，肯定对方的付出，体谅对方的难处，而不是一方因其在某一方面的优势就傲慢到可以交易另一方。

我们今天的问题已经严重到不是一个男人认为可以交易一个与他相关的女人，而是大多数的男人（但愿尚有一部分人真的中正高尚，懂得尊重女性）认为他们可以交易任何一个女人，哪怕这个女人他根本不认识，在他的幻想中，只要他有朝一日足够有钱，就可以得到对方。甚至有一部分男性可能荒谬到以为基因给了他一根生殖器，他就有权利或者有机会和任何一个女人发生性关系。

物化女性是对女性整个群体的贬低，女性像商品一样成了可以被标价的东西。如果你还没有得到她，那一定是你出的价还不够高，如果你出价够高，她就一定会选择你。这也就关联到我在本书中写到的另外一篇文章，很多男性拿"穷"作为自己在两性关系里的遮羞布，只要一口咬定自己穷，就能认定是女性爱慕虚荣，而不是在两性交往中他不仅在经济条件上欠佳，更可能在其他方面表现更差。

从表面上看，物化女性能够让男性得到快感。其实这种快感完全是假象，无异于一个人想象自己一夜之间中了五百万。但一个人每天都想着中五百万大概会被人笑痴人说梦，而物化女性时不会被人笑话，因为整个社会都在物化女性，都在假设当男性足够富有，他就可以获取任何他想得到的女人，得到她们的身体、爱慕和追随。

而现实中的真正境况是，所有人都要为物化女性的行为买单。让男性群体叫苦不迭的中国式彩礼问题、房价问题正是物化女性的恶果，被女伴拿来与其他男人攀比也是物化女性的恶果，整个社会都在强调的男人不够强不够成功就是失败者这种论调，同样与物化女性脱不了干系。

如此说来，在对女性那点想象中的自嗨便显得颇为嘲讽，如果男性依然没有意识到这些与己相关的重大问题的真正根源，其实都跟长久以来整个社会物化女性的心理有关，那不管他们多辛苦多难，只能说他们活该。

尊重女性是对女性人格的尊重、欣赏和肯定，是对女性作为两性其一的重视，是明确在两性共存的这个世界里女性的贡献、力量和影响力，是明白女性与男性之间相互的影响和作用，明白如何更好地与女性协作和共进——无论是在家庭关系中还是在社会关系中。

有趣的是男性不仅抱怨女性的弱让他们很辛苦，随着今日女性在社会中的崛起，男人们又开始抱怨女性的强让他们更辛苦，这实在有些滑稽。

异性之间的文明尺度在哪里

同性之间往往更好相处。如果不是有荷尔蒙的驱动，我们人生中绝大部分的时间其实是在与同性相处。同性之间相处往往更容易，是因为大家对待同一话题往往敏感点是一致的，非常清楚自身介意什么，所以在与同性交往时很自然地也知道对方介意什么。但如果换作异性之间的相处，因为大家的敏感点不同，对同一话题的解读角度可能完全不同，所以异性之间有时非常容易产生冲突。这也正是我们选择了一个异性作为自己的伴侣开始经营亲密关系时那么吃力的原因。

网上有各种段子吐槽两性之间的认知差异，其中包括一个很流行的——"我不知道我女友追问我各个牌子的口红色号有什么意思，毕竟，我也没有考核她汽车的轮胎型号不是……"这虽然只是个段子，但充分地反映了什么是跨性别的困扰。它提醒了我们，当我们因自身性别的一些特质给对方造成困扰的时候，我们应该及时调整。当然，这并不是绝对的，比如一个女生来跟李佳琦讨论各个牌子的口红色号的话，恐怕五秒就会被KO（击败）。我在此拿"性别特质"做分化，只是指较普遍的群体现象，并非绝对。

女性眼中的话题死角大概包括"对外貌的评价""对女性群体的莫名轻视""非伴侣关系或未经同意的情况下对女性开黄腔"，这三种情况在女性看来都是非常严重的冒犯。而男性的话题死角是什么呢？"经济状况""性能力"，有时也包括"身高"。以上可见，男性与女性的话题死角是完全不一样的。有些情况下，我们因为不清楚异性的话题死角是什么，所以会"无意中冒犯"，但当我们越来越普遍地知道对方的话题死角是什么后，我们依然冒犯对方，那么这种行为则完全是恶意的。

所谓"文明"，就是在一个特定情景中相对强势的群体对相对弱势的群体的尊重。而这个强势与弱势，由于前提条件的不同，随时可能发生变化。如果一群人中有男有女，其中有男性开始堂而皇之地开黄腔，那么女性则成了弱势群体；反过来，如果女性堂而皇之地讨论一个男人是不是穷酸，那么在这个语境下，这个男人便成了弱势者。

无论哪一种，其实都是对对方的恶意冒犯，使对方陷入尴尬处境。所以，当这种状况出现时，引发问题的人应该停止这个话题，而不是摆出"我都不介意"，或者说"我们都不介意，你介意什么"的态度。如果一个人把自己的话题趣味建立在使他人尴尬又难堪的基础上,那么这个人真的是品行不堪。

尽管我们从未停止过追求两性平等,但不得不说,眼下我们依然处于男权社会阶段。在这种背景下,在一些特定场合中,男性无论从数量还是从资源地位上看可能都占据着优势。而在这种情况下,我们往往会看到一群男人以对在座的少数女性开黄腔为乐,且他们丝毫不觉得有什么龌龊,反而觉得这是很正常的事情,毕竟在大庭广众之下他们又没有实际将在场的女性怎么样。这种场面在现实里很常见,至于到底是出于集体无意识的恶意,还是"团伙作案"式的习惯性恶意,只有他们自己心里最清楚。但在这种一方绝对强势的情况下,哪怕这些男性的行为非常低劣不妥,一旦遭到反抗,结果往往是反抗的女性被集体指责,变成了"在座的人都开得起玩笑,你怎么就开不起?""在座的都没觉得是恶意,怎么就你觉得?"这是非常荒唐的事情。

男性与女性在生理与心理、思维方式等方面都有很多的不同,不管在哪一种语境下,哪一方处于优势地位,都应该懂得尊重另外一方。事实上,这并不仅仅是两性之间应该注意的问题。在日常社交中,我们都该格外注意到给予他人尊重,尤其在一方明显强势一方明显弱势的情况下,我们更应该通过尊重来保持平衡。比如一桌十个人吃饭,有九个人喝酒,那个不喝酒的人就不该被恶意劝酒,他有不喝的自由,大家不能出于各种动机来灌酒。比如一个会议室里十个人开会,有九个人抽烟,那么应该出去的是抽烟的人,而不是不抽烟的人。但在现实里,往往那个不喝酒的人,那个不抽烟的人,变成了被强行灌酒以及被迫吸二手烟的人,这才是可怕的。

我们口头上提倡追求人与人之间的公正平等，但真正执行时，我们又忘记了所谓的对错，所谓的文明和粗鄙，而是粗暴地只认谁是强势一方，谁是弱势一方，强势一方则完全掌握了主动权、话语权。在这种情况下，弱势一方要么顺从，要么反而成了有问题的一方。

从这个角度来看，我们离"文明社会"真的是相去甚远。

承认"爱是有条件的"才会过得更好一点

承认"爱是有条件的",真是一件让人沮丧的事。这就意味着,你必须值得被爱,并且在"值得"的比重上,你有可能比不过别人,如果比不过,那么原本爱你的人则可能会去爱别人……

这种说法真是太糟糕了,但遗憾的是,它是事实。

就像《奇葩说》里薛教授举的例子,两个人的相爱没有命中注定一说,没有一颗红豆和一颗绿豆正好配对一说,我们只是先遇见了谁,然后发生了些许故事。

做落地活动的时候,有姑娘提问,说自己在工作、社交等方面都很理性,唯独谈恋爱的时候跟换了个人一样,非常情绪化,不理智,咄咄逼人……她知道自己状态不对,但控制不住,问我怎么办。

在现实生活里,有这种状况的姑娘很常见。由于自身在亲密关系里缺乏安全感，一旦与对方建立了亲密关系，她便渴望能够反复证明两件事：

一、对方所有选项排序里，她必须是第一位；

二、无论发生什么，对方都不会离开她。

私下里，我与这类姑娘做过沟通，发现这种状况出现的原因基本都是——在她的成长过程中，她从不觉得自己被谁真真切切地爱着。这个"谁"基本指的是父母。

当我们回头去看，会发现在我们所受的教育里，有很糟糕的一部分。比如，我们从小获得的正向教育都是——父母是伟大的，父母的爱是无私的，没有父母不爱自己的孩子……事实呢？如果果真如此，那么"原生家庭创伤"这种话题我们就不会一谈再谈。

这种口号给孩子造成了什么影响？

——"我的父母应该是天底下最爱我的人吧，他们都不爱我，那谁还能爱我呢？如果谁都没那么爱我，那我是个可怜人吧?！我很失败吧?！"

一个人最原始的安全感基本是来自幼年时期的亲子关系，但事实上，中国的父母，尤其是年长那一辈人，能爱、会爱的太少了，更谈不上经营亲子关系。

良好正向的亲子关系带给孩子的成长鼓励是什么？自信、乐观，遇到挫折也不必害怕，就算你下坠，下面总有父母托着你……

但很显然，很多人在成长过程中从未感受过这些正向的引导和陪伴，或者说即便感受过，也是少得可怜。中国孩子普遍是在自我压抑和被打压中成长，一旦不够优秀，会遭受的挑剔和指责基本就是劈头盖脸的。而另一种情况也好不到哪儿去，就是被冷漠地对待。

这世上有没有一个人不是因为那些"优秀的条件"而爱我？有没有一个人只是单纯地喜欢我？即便我不够好，我也不会被对方嫌弃？我们希望这个人是存在的，或者说，我们需要这个人存在，只有这样的人存在，我们才有"不管我是谁，都能无条件被爱"的理由。

如果你恰巧是这类人，你就会明白这种期待有多么伤感！

不相信，但期待，因为匮乏，所以极度需索。于是，在成年后的亲密关系里，你渴望得到和证明，甚至急于去建立亲密关系。

而由于理性匮乏，你太过敏感、急于求成，又把一段搭建起来的亲密关系搞得鸡飞狗跳。

我对提问的姑娘说："我们得到的东西，从来就没完美过，甚至有时候，连美都称不上。或许，这才是我们最该知晓的人生真相。"

相信爱是有条件的，有前提的，才有助于我们完善与他人的关系。

比如，你的父母可能不是故意不爱你，而是在他们的认知里，根本没有"爱"这个概念。把孩子健康养大，供他／她读书，成人后能平顺地过一生——这种期待或许在他们的理解里就等同于爱了，毕竟从未有人教过他们爱是什么，怎样去爱才是合适的。

父母的爱，同样会势利，会偏颇，甚至很少懂得尊重。这是我们该明白的事情。再退一步，或许我们该承认，有些父母确实不爱自己的孩子，甚至连善待也做不到。

如果你不幸就有这样的父母，那你确实该大哭一场。可是哭过之后呢？

那些得不到的东西，我们要学会把它们从心上慢慢拂下去，而不是反复纠结，愈演愈烈。

承认那些你没有得到的，承认那些缺憾，然后把它们轻轻放在一边，重新翻开你自己的生活。所谓割离，就是不要让你过去遭遇的不好的事情影响到你，抱抱那个少年时的自己，跟他／她说——没关系，你已经长大成人了，可以单靠自己去打开人生的新一程。

在新一程的人生故事里，把自己预设成一个健康的人，而不是饮鸩止渴或缘木求鱼的人。同时要懂得，爱是有条件的，有分寸的，因为没有人是万能的，我们自己做不到，对方也做不到。

不要去挖那些所谓"高尚""珍贵"的证明，不要试图去让别人证明他的"伟大""无私"给你看，这都是伤人一千自损八百的事情。要像个成年人一样去与对方相处，有亲密，更有体谅。

一个人想彻底更新自己，必须跨过因缺失而生的挂碍，或者说把它带来的负面影响降到最低。

我们之所以在一些场合下显得成熟，是因为我们承认生活的客观性，承认它的不圆满和不如意，而在亲密关系里，我们却想打破这种规则。仔细问问自己，这是否合理？

不管过去发生过什么，以及有怎样的遗憾，我们确实值得更好的人生，但我们必须先学会将过去的伤口轻轻合上，并且得接受它或许一直不能痊愈。

这便是"不圆满"的一部分，但它并不影响你往后的健康。你要相信自己，陪自己再成长一次，相信一个人的新生力。

谈恋爱是件正经事

身边有小情侣吵得不可开交,搞得两人各自跑到我这儿来"诉讼"。我仔细听下来,基本没有什么大事,都是鸡毛蒜皮的小事,以及最关键的矛盾是"先有鸡还是先有蛋"。双方都认为出问题的环节在对方身上,就算承认自己也有小小的毛病,但那也是对方激起来的不良反应。

我一边劝一边忍不住想,嗨,年轻人的爱情不就是这样?好像大家都经历过这样的时期,有着说不完的傻话,吵不完的架,越想解释越觉得自己被误解,越想说明便越争辩。出发点都是好的,但争论却好似怎么也停不下来。

扪心自问,如果现在给我一段恋情,让我完全做到心平气和,不误解对方,不开启"战斗模式",我能不能做到?恐怕也不能。

为什么我们越是在喜欢的人面前越这样？因为放肆？答案可能恰恰相反。

在正常社交里我们几乎不会问"为什么对方不知道珍惜"，这是因为我们很清楚自己交付出去的东西并不算珍贵，顶多算一点好心和善意。但在亲密关系里，这个好心和善意恐怕要增加百倍千倍，就像你花了所有积蓄买了一颗水晶球送给对方，那对方一个不够惊喜的眼神可能都会刺痛你。

没办法，恋爱关系里的人就是这么敏感。

绝大多数人在亲密关系里都不会良性共进。什么是良性共进？就是一段关系给予彼此的都是正向的滋养，有点像合作共赢。可能很多人在商务谈判中非常容易接受和理解这个逻辑，但是换到亲密关系里就会手忙脚乱，甚至完全做反向操作。

这是因为建立亲密关系时，我们会有非常强烈的期待，希望对方接受一个百分之百的我，不管优点还是缺点，因为是"自己人"了就可以一股脑丢给对方。我们常说，我们不必在一段关系中伪装自己，但修复自己其实是项终身课题。不是亲密关系带来了你的缺点，而是你的缺点一直存在，只是在普通的社交关系中它没有机会暴露出来，而在一段亲密关系中它暴露出来了。我们应该像对待所有棘手的问题一样去想办法解决它，而不是突然打感情牌说，"既然你爱我，那就全部接受吧"。不管对方会不会因为爱情而包容我们，作为一个人，我们对自己的成长、修复、提升都有终身的责任和义务。这是我们要交给自己的一张考卷，而不是交给对方的，同样，我们也不能拿它来衡量"这样的感情撑不撑得住"。

我一直建议大家多谈恋爱，为什么？不是为了风花雪月，而是只有在恋爱中，你才会跟最隐蔽的那个自己相处，你才会看到自己身上平时被隐藏起来的问题，那些阴暗面才会浮现。当然，你身上闪光的地方也会更加耀眼，你会重新认知自己，这段关系会是一场你与自己内心的对话。

恋爱中的人异常敏感，正因如此，我们会非常容易感到受伤或被激怒，但与此同时，我们应该借着这个机会来看清楚自己的"敏感"。如何正视它，如何把它从暗处拉出来，如何理顺它，如何将这些"敏感"滋养成正向的信任、安全感，这才是亲密关系带给人最大的益处。

一个陪伴你的人，也可能某天会离开；这个人可能对你非常好，也可能不够好。但无论如何，你始终要求自己正向生长，这就是爱情给人的最大滋养。

幸运的爱情是彼此深爱，但好的爱情是不论得失你都拥有爱人的能力，没有放弃这种能力，并且变得更加坚韧。这种坚韧会变成一种生命力，让你终身受益。

这当然不是简单的事情，任何好的事情都不是简单的。我们有时会误以为爱情就是让人简单，这是一个误会。我们说爱情让人简单，说的是它能让人释放真正的"自我"，但这个"自我"是需要驯化的。如果你的"自我"是只发疯的小兽，你将它放出来只会伤人或自伤。

我们看到的各种恋爱攻略，都在教人攻城略地以及如何驯化对方，这其实是大错特错。爱情的宗旨不是驯化另一个人或对另一个人拥有某种特权，而是驯化自己，通过在最亲密的关系中捕捉自己、正视自己、修缮自己来完善自身，同时也完善这段关系，使彼此都获得幸福。

很多人不重视爱情，不重视亲密关系的处理，随随便便就去抱怨"男人怎么都这样？""女人怎么都这样？"每个个体都有其特质，都需要被认真对待，并且这种状态应该是终身的，而不仅仅是以热恋期的名义来相互谦让。你的自我认知、自我修复是项终身课题，它们并不会在你获得看似安定的亲密关系后就不再发生变化。你依然随时会因外界的刺激做出不当的反应。当你意识到它是不当的反应时，重要的是你安抚住自己，并且理顺它，尽量让它不再发生。

中国式家庭只注重人伦纲常，却不注重交流，无论是夫妻还是亲子，大家在亲密关系中的表现都非常武断，缺乏细节，甚至很多人认为细腻地处理家人间的关系是很丢脸很没意义的事，也有很多人会为此害羞。正因如此，中国人在亲密关系中能够获得的正向慰藉是很少的。你从不精心侍养一棵树，却想在疲惫时结出甜美的果实来给你安慰，怎么可能？近年来我国离婚率不断上升就最直观地反映了这个问题——很多家庭关系、伴侣关系中的人不过是被关在一个房子里彼此忍耐的人，为了忍耐而去回避，直到无法回避、无法忍耐而彻底崩盘。从头到尾，中间有那么多交流的机会，我们却没有问一问自己，我们有没有正视伴侣关系，我们有没有认真学习如何处理亲密关系，是不是对在亲密关系里的"自我"有一个标准和期待。如果这些根源问题不能解决，你不过是觉得一个人不够好，就换了下一个，仍然会觉得他/她不够好。

每次我给人讲"谈恋爱是门正经事，是个非常严肃的学科"时，很多人以为我在开玩笑,甚至揶揄和质疑。如果你能理解你需要通过亲密关系来阅读自己,你就会知道这个说法并不夸张。而阅读自己,是我们的终身课题。一个人无论从机遇、体能、生命长度、运气等哪方面说,都不可能永远处于无限向外扩张的状态。绝大多数人都会在某一时期被困于一隅,而你被困住时做出的反应,呈现的是你的能力、心性和姿态。

爱能随心，但"对"要约束内在的小孩

身边有位与我年纪相仿的女性朋友，总是在尝试恋爱，然后总是失败，反反复复。有一次我和她进行了一段较深入的对话，我问她知道问题在哪儿吗，她说其实她是知道的。姑娘很多年前谈过一个男友，对方不算靠谱，两人分分合合、别别扭扭，拉锯了很长一段时间，虽然谈得不顺、结果也不好，但对姑娘来说，那其实是她用情最深的一段感情。

那段感情已过去多年，但给姑娘留下了很大的阴影：怕在亲密关系中再受到伤害，所以每次跟新交往的男性感情和关系进一步深入时，姑娘都会显得心不在焉，甚至有些抗拒。但这只是表象，真正的原因是"我不想进那个房间，我怕里面是黑的，所以我就站在外面好了"。想必很多女生都会有这种情绪，尤其是那些在过往感情中遭受过重创的人，很有因噎废食的意味。

没人愿意提及自己失败的感情经历，因为在潜意识里他们好像会认为"我不值得赢得爱情"。但一个有趣的现象是，我们用情至深的感情到最后往往都没有修成正果。

说到底，爱与对，其实是两件事。

爱是发自内心的，而对是需要一系列条件来测评的。人在年轻的时候容易获得爱，是因为只要对方面容姣好、身材挺拔，稍加聪明幽默，就很容易受到你的青睐。但这其实是非常容易满足的表面条件。

你们对一段感情的诉求，可能完全不一样。你想结婚，对方不想；你不想与父母同住，但对方坚持要跟父母住一起；你跟对方在一起是为了谈恋爱，而对方可能只是想找一个稳定后方；你对这段感情投入了百分之八十的心力，而对方可能只投入了百分之三十……

于是，各种矛盾出现，原本相互吸引的两个人开始相互较劲，希望能修正对方来配合、满足自己。

我曾有两任男友，他们经常被我拿来做自我测评。

一个是保养型男友，用现在流行的话形容就是"暖男"，稳妥细心。他不让我熬夜，不让我吃刚从冰箱里取出来的东西，总劝诫我做事情不要太"烈"。而另一个是与我"臭味相投"型，无论是凌晨三点还是五点，无论外面是下雨还是下雪，我说想出门走走，他都会第一时间陪我出去。他不管束我任何事，我做的所有事情从他那儿得到的反馈基本都是"喜欢且配合"。

如果换作是你，你更喜欢跟哪一型相处？

我选择第二个。即便我深知第一个更靠谱一些，更妥帖一些，更实际一些。但作为年轻人，我们讨厌的，不恰恰是这些东西吗？这些我们明知对的，却让我们不能肆意的东西。其实我做出这种选择跟对方的魅力没有太大关系，而是人的本性更喜欢纵容自己。如果你所拥有的一段关系带给你的是纵容而不是约束，那你一定很开心，很沉迷。就好比小孩子喜欢吃糖，一个人告诉你一周只能吃一颗，而另一个人塞了一个糖罐给你，我们不可抗拒地会对给我们糖罐的人沉迷。

然后，事情的结局是——不久之后，你的牙齿坏掉了。你开始相信，那个约束你吃糖的人，或许才是更好的人，选择约束，才是更对的选择。

由此可见，爱和对，是两件事。虽有例外，但我几乎没有见过沉迷约束和自律的人。纵使有，也是百炼成金的人。这类人我确实是很欣赏和佩服的，但我对那些沉迷放肆和快乐的人更能感同身受，哪怕这种沉迷看上去其实是没有远见的，不够理智的，充满危机的。

时至今日，女友提到那位前男友依然语气愤愤，愤然对方的不靠谱，愤然自己当初的不理智。但或许后者才是我们真正耿耿于怀的原因。

若是重新来一次，一个面容姣好、身材挺拔、幽默风趣的人再次出现，你还是会很轻易地喜欢他/她，这是人的本性。唯一的区别是，今日今时的我们在第一感官的喜欢之后，同时开启了大脑测评——这个人性情如何？收入如何？人品如何？家教如何？家世如何？当这些测评开始打分的时候，最初的心动会进入"冷凝"状态。所以，越是成熟的人，越是不容易动心。

我们必须承认自己体内的"本我"由始至终都是傻的，胡闹的，不智的，甚至是有些任性疯狂的，"做错"是它的正常反应。我们必须接受这个事实，而不是误以为它只是少不更事的蠢，缺乏阅历的没头脑。不，它比这些都复杂顽固得多，它是自我的一部分。

承认这种复杂顽固，我们才不会想着去掩饰它、忽略它，装作它彻底不存在；不会纠结到底自己是对是错，是聪明还是蠢；不会归咎自己以及埋怨对方；不会遗憾命运弄人……而是理解事物轨迹本就如此。

肉体凡心总是要一而再再而三地下场演练的，唯一的进步是，你学会了选择场合，学会了战术，学会了穿盔甲。

别傻了，消消费就能测出他的真心？

爱情最狗血？不，分手才是。

一个姑娘与交往了一年多的男人分手，最后两人算到了钱上。男人细数自己给姑娘花过多少钱，打电话给自己朋友诉苦时更是吐槽姑娘和他交往一个月就要了一个四五千的包。

四五千的包，贵吗？不贵，但也不便宜。

可能你要说这个姑娘虚荣、物质，但其实她自己完全消费得起这个价位的包包。那为什么她会出现这种"劣迹"？

想想这句话你听过多少次——肯给你花钱的男人才是真的爱你。有很多姑娘被这句话"下了降头"，跟男性交往一个月就要包要礼物的姑娘，我认识的就有很多。这些姑娘其实并不算物质，也没有多虚荣，更不是唯利是图，却都搬起这句"肯给你花钱的男人才是真的爱你"砸了自己的脚。

跟另外一个女性朋友谈论这件事时,我说我们换个角度想想。如果我是男性,不是什么大富大贵之人,四五千块基本能抵我半个月工资,一个刚交往的女朋友开口就要包,我怎么想?

很抱歉,我对她不会有什么好印象。毕竟我经济能力有限,另外,我找的是女友,不是援交。如果我有这个心意,我会送她礼物,但会量力而行,即便我愿意送她抵半个月收入的包包,那可能也不是在眼下。

女作家黄佟佟曾写过一位女明星,她是众多男人心目中的女神,追求者不乏各界大佬。虽时过境迁,女明星回忆过往时还是会感念当初某大佬追她追得多用心,花了多少财力心力,感慨交往时大佬对她多么体贴在意。但换个角度,这位大佬的后人形容他与女明星的关系时,则用了一个赤裸裸的词:"包养过"。不知大佬本人是不是也这样想?他也像女明星一样当这是一段深情的恋爱吗?

都说女人物质、现实,其实男人对自己每一分钱如何花出去的也算得仔细。是为爱付出还是包养,是双手奉上还是随手打发,他们自己都算得很清楚,否则就不会有那么多人在与伴侣分手的时候要求对方归还自己所赠礼物钱财。这还算好的,要是碰上狠角色,恐怕连账单都要摊给你。

一个女人,因为一个男人为自己出了一次或几次"血",就被这些小恩小惠打发感动,交出自己所有的信任和真心,划算吗?而且这种故事大多雷同——一个女人遇到一个条件一般的男性,然后在交往初期就狮子大开口向男性要个算得上小奢侈的礼物,以此来测评男性的真心。她通常认为，如果对方不计成本地送她礼物，那就是很喜欢她；如果不送，那就是没有那么喜欢她，或者说这个男人的经济实力实在太差了。

这个推论其实毫无逻辑。送不送礼不一定能测出对方到底有多喜欢你、是不是真心，不过，会让对方怀疑你的动机。大多数情况下男性不会认为这是"爱的测试"，而会直接认定这个姑娘有点物质且爱占便宜。

最近有个有趣的现象：现在流行的感情骗子，不再自称有多惨，一味骗对方为自己买单，而是先用小恩小惠为对方买单，尽量展示自己的优势，说自己有多少资产，多少合作正在签单路上，只是眼下资金周转不开，于是难为情地问你借些"过河的小钱"。结果我们都看到了，有太多女人中招。为什么？因为她们被这些骗子前面的小恩小惠收买，以为对方为自己花钱是真心爱自己，并且觉得这个男人很有潜力，现在帮他就是在投资两个人的未来……

自古真情留不住，唯有套路得人心。或者我们可以反过来说，如果你是个总喜欢各种套路的人，你又如何能碰到别人的真心？你能碰到的，只是那些擅长套路的人，同时在别人眼里，你也是个没有真心的人。

对于那些动不动就向男人要礼物，希望通过对方为自己消费搞"真爱测评"的姑娘，奉劝一句——除非你真的想要，否则没有必要。自己能消费得起的就自己高高兴兴消费，不必指望男人买给你，实在想要个超标的东西希望对方买单，也不是不可以，但别打着什么"真爱测评"的旗号。在一个人对另一个人的信任面前，那些东西不过是小恩小惠小玩意儿。一对男女一起过一辈子，有没有成自己人都说不清，买个五千块的包、送个三万块的礼物就成自己人了？

别傻了！

当然，有一种情况除外，就是他把他绝大部分所得都用来供养你了，这叫交付他的辛劳、信任及人生，很显然，这种操作与买包送礼有着天壤之别。

爱是体谅

大概在十多年前,那时我在跟初恋男友谈恋爱。年轻人之间总是有很多傻傻的话题,记得有一次我们讨论"爱到底是什么"。当时我给的答案是"爱是给你更好的你也不交换",是对自己的选择的笃定。十年之后,如果把这个答案说得更清楚一些,那么就是"爱是体谅"。

因为体谅,所以你接受对方不是一个完人;因为体谅,所以你接受对方不够好;因为体谅,你甚至能接受对方的不好。这些接受不会在某一刻变成你攻击对方的武器,不会被你拿出来打压、贬损羞辱对方,不会被你用来警醒对方说他不够好、配不上你……这是爱里最基本的东西。

我们经常会在网上看到一些帖子，内容很搞笑，大概是吐槽婚前婚后男人和女人的变化，基本都在说婚前是"男神""女神"，婚后就不知变成了什么"神兽"。虽然是搞笑的帖子，但其实非常真实地反映了两性关系中人发生的变化。

随着年龄越来越长，体重会增加，肚腩会加大，头顶秃了，性能力下降，皮肤粗糙，连眼神都变得暗淡……除了这些身体上的变化，原本变着花样搞浪漫，赔着耐心讨喜欢，往往也都变成了简单粗暴的敷衍。好的伴侣可能会在取乐中"嫌弃"彼此，内心还是爱着对方、向着对方的，但事实上有很大一部分伴侣变成了真真正正地嫌弃彼此。

二十岁的男人没有四十岁的男人经济条件好，四十岁的男人没有二十岁的男人性能力那么强。二十岁的女人没有四十岁的女人那么宽容懂事，四十岁的女人不像二十岁的女人那么曼妙浪漫。所有的优势和变化，其实都是时间带给人的改变，我们没有办法要求一个男人在二十岁时就积累到四十岁的财富，同样，我们也没有办法要求一个四十岁的女人还要保持少女感。

大家从理性角度来看，都接受这些不能强求，但是在实际操作中，我们却经常在暗暗期许，然后设定目标，开始对比，对比后心生失望，觉得是对方没有满足自己，于是两人的关系演变成相处中的挑剔、嫌弃、抱怨。

如果一方要以打压另一方来获得自己的优越感，在我看来，这是这个人内心的"恶"，而不是什么他通过对比显现出来的优势。在不同的情景下男女双方各自扮演的角色不同，承担的责任也不同，但我们往往认为"只有自己才是难的"，他人都是"轻而易举"。

有了这种偏见后，我们甚至会把因此产生的怒气发泄到对方身上，这种现象在现实生活中极为常见，包括父母对待小孩子。不断的强调和控诉会使对方厌烦且产生愧疚感，很多人因为使对方产生了愧疚感而扬扬得意，这种相处的模式其实非常畸形。

好的关系是给对方肯定，给对方正向的引导和鼓励，而不是靠打压和挑剔对方来实现自己的优越感。每个人身上都有很多问题，我们接受一个人，不仅是接受他身上对自己有利的一面，同时也接受他的问题。有些问题无伤大雅，那么就让他留在那里；有些问题是底线问题，那两个人就应该共同去探讨和解决。

很多人在伴侣关系中通过打压对方，让对方觉得配不上自己而对对方进行精神操控，从而逼迫对方接受自己身上的种种问题，即"无论我做了什么错事，你都应该接受，因为你配不上我"。这种情形常见于事业较成功的男性与全职家庭主妇之间，因为把主妇逼出这个家门，主妇可能会完全孤立无援，在此情况下自身品行低劣的男性便会为所欲为，认定对方不敢怎样。

如果我们以这种心理动机去与他人交往和相处，实在称得上是阴暗。

还有一些人的心理是"我之所以不挑剔你，是因为我自身条件也不算好"。这种心理初看起来好像没什么问题，但其实也存在隐患：当我自身条件好时，我们的不匹配就开始了，我们之间的距离就拉开了，也就意味着我比你优秀了，我可以嫌弃和打压你了。古代君子讲的品行"富贵不淫、贫贱不移、威武不屈"，说的是"即便对我不利，我也不去更改（淫/移/屈）"。假设我们将之变成了"对我有利我就不更改，对我不利我就更改"，那又谈何品行呢？

这也是为什么有些伴侣关系可以共患难却不能共富贵，而有些则可以共富贵却不能共患难。这其中的"爱"在随着外部条件变化而变化，我们不能说它不合情理，因为这是人性趋利避害的一部分，但我们至少要知道健康的爱并不该如此。

健康的爱是体谅人性中晦涩、滑稽、下沉的那一部分，允许它的存在，但仍愿掏出好的一部分去捧给对方，从而满足对方的幸福感、安全感以及对两人关系的认同和依赖。如果我们与人相处时总要拿出彼此的阴暗面来比较谁更没底线、谁更不道德、谁更能操控对方的话，这种关系真是糟透了，还不如早早结束、彼此放手的好。

爱是体谅，即我们彼此都只是个平平常常的普通人，但我仍然爱你、珍视你、陪伴你。

现在的你喜欢什么样的人

"现在的你喜欢什么样的人"是个很普通的问题,但仔细想想,好像又不普通。现在的你喜欢的对象的类型和五年前、十年前、十五年前还一样吗?恐怕很多方面都发生了变化。就拿我自己来说,我在二十岁左右的时候喜欢幽默、有才气、爱起来要轰轰烈烈的人,而现在我喜欢内心正义、良善、智慧的人。

前段时间跟一位女友聊到这个话题,她现在喜欢的类型也是这款。如果倒退十年,大概我俩心底会想:"哇,竞争关系啊,会不会是情敌?"而现在,我俩非常清楚我们之所以会喜欢同一类人,是因为我们在价值观上有很多相同、相近的部分。

那天我们聊到"正义、良善又智慧的人",双双感慨,这种人在我们日常生活中实在是个稀罕物种。

我有一位这种类型的台湾朋友，事实上，我们在现实生活中只见过一次。当时刚好我的散文集出版，于是送了他一本。当时我以为，我们之间的交集大概会止于此，因为我们平时没有什么工作关联，他来北京大概也就这么一次。然而我没想到的是，过了一两个月，他在微信上发了一张照片给我，照片里是我送他的那本书，他在最后一页写着"阅完于某时某地"，然后就书里他感兴趣的部分与我讨论。

这种级别的读者反馈对作者来说实在是一种超规格的礼遇，要知道大家自己主动买的书都很少有看完的，何况是一个名不见经传的作者送的小作。

这是他给我的第一印象——认真且真诚。

之后我想联系台湾的一位作者，网络上找不到关于作者本人的任何联系方式，经纪人所持有的微博账号也已经停用多年。于是我向这位朋友求助，他再次让我吃惊，几乎在二十分钟内帮我搞定，找到了这位作者的经纪人。

这是他给我的第二印象——高效，认真对待旁人拜托的事情。

第三件事是我在他的社交账号日常更新里看到的。某天上班路上他发现一个中年男人鬼鬼祟祟尾随一个年轻女生，他觉得不放心就一直跟了下去。虽然最后也没有发生什么，但他还是觉得不大对头，于是就报了警。最后警察来核实了情况，大概是那位中年男性精神方面有些疾病。

我跟朋友聊天时感慨说，如果这种状况发生在我们身边，真不知道有多少人会做出像他那样的反应——有勇气，主动关心帮助陌生人，有行动力。

综上,就是我喜欢他的原因。我非常清楚这种男生在目前的社会环境和风气下实属罕见。当然,这里我并不是在贬低男性,而是就我们的成长背景、所受教育以及长久以来形成的风气而言,确实很难出现这样的人,无论男性还是女性。

我们缺乏这种"自觉",也缺乏对他人的友善。我们日常关注的大多不是这些平和良善的教育,而是成功学,或者说如何做个聪明人。总体来说,大家长期地不自觉地生存在一个利己主义、非良性竞争的氛围中,对大部分人来说,作为个体,很难有自觉、自察、自我改善的修养。

前几天在微博热搜话题里看到傅首尔谈及她的婚姻。傅首尔多次在节目中吐槽她老公的"咸鱼人生",但从微博里可以看出,傅首尔其实是非常肯定以及欣赏自己老公的。他可能不是一个有大成就高收入的人,但他对人友善绅士,心态平和宽容。傅首尔说她从没听过她老公讲别人的坏话,也从未听过有人讲她老公不好。单就傅首尔的这些描述来说,这位"咸鱼老公"其实是位非常难得的佳偶。

随着女性经济独立起来,她们的工作机遇普遍增多,收入普遍提高,然而却有越来越多女性单着。很多人不明就里,总会问:"你们是不是太挑了?""你们自己觉得非得什么样的男人才配得上你们啊?"说得好像姑娘们的眼睛都高到了天上。其实他们都误会了,姑娘们要的不过是个心怀正义、谦和善良的正常人,仅此而已。

这跟对方有多少身家,有什么身份什么地位没有关系,而在于一个人骨子里的秉性。就在我写这篇稿子前的几个小时,我妈还给我打来了电话,电话里说我年纪也不小了,应该考虑谈朋友的事情。

我在通电话时很反感。

  我该怎么向她解释呢？要知道，眼下这拨现代女性对于婚姻的诉求不再是吃饱穿暖或者有人养，而是志同道合、彼此认同欣赏。这种认同非常重要，是一个人对另一个人的认同，它可能会完全与外界的评价相悖。比如在傅首尔的婚姻里，大家是不是都觉得傅首尔赚钱养家吃了亏？如果他们夫妻俩有一方介意这些来自外界的评价，这段感情就会出问题。所以，能够将两个人牢牢粘在一起的并不是外界的评价，而是两个人对彼此价值的认同和尊重。

  现在的你喜欢什么样的人？我已经回答了。

  现在的你为什么选择单身？我也已经回答了。

幸福从来不是简单的事情

假设有一门教人变得幸福的课，会教什么？

我想不出答案。虽然我们常把"提升幸福力"这种口号挂在嘴边，但——去问每个人，你觉得自己的幸福感有提升吗，或者你觉得幸福吗，反馈都是"一般般"而已。

有一次我在成都做一场落地活动，讲到情感话题时，一位女读者问我至今没有结婚是否感到遗憾。想必这样的思考角度，在日常生活中处处皆见，否则就不会有那么多当事者恨嫁，也不会有那么多不相关的人催婚。

我当时反问了这位女读者：你如何定义完满，又如何定义幸福？

如果一个人结婚了，但夫妻关系很糟，叫完满吗？

如果一个人比其他人结婚都早,然后又离婚了,叫幸福吗?

如果一对夫妻感情很好,但无法生育,叫完满吗?

如果一对夫妻白头到老,但不过是因为他们认定婚姻和人生就是一场忍受,叫幸福吗?

"幸福"或"完满"这种字眼,说起来太过简单,且在很多场合下被反复使用,于是大家误以为它们是跟日常用品一样稀松平常的东西。但当我们多多追问下去,多问自己几个问题,我们就会发现,构成幸福或完满的要素何其复杂。

所以,幸福或完满这种东西,怎么会是能轻易获得的呢?正因为它们并不能轻易获得,所以不能说有个人拥抱你,有个人和你一起吃饭,有个人和你一起起居,你就幸福了。

前段时间我妈妈再次跟我提,如果有适合的,让我找个结婚对象。她给我的理由是:"人生到头总要有人陪着你,父母老了,不可能一直陪着你……"我说先等等。我们来捋一捋,这样的话我们是不是几乎从每一对父母那里都听过?

但事实呢,以我自己为例,我小时候是祖父母带大的,父母在异地做生意,直到现在我们共处的所有时间加一起可能都不过一两年。小时候每年我们大概能相处半个月,长大后也没有比这个时间更长,所以哪里来的陪伴?

就算是与父母一起长大的人,大学毕业后也基本就离开了父母,自己独立生活。我们更多时候都在独自面对自己的生活,在自己想办法解决问题,一个人雀跃或伤心,一个人兴奋或郁闷,一个人计划未来,一个人忙着给人生升级打补丁……

在此期间，好似没有太多"陪伴"这种角色的参与。如果恰巧有，那么很庆幸；但大多数人大多数时间是没有的，为什么？因为人生是我们自己的，我们需要自己买单，我们尽量避免给他人添乱，无论好事坏事，我们其实都没有共享给他人太多。

如此说来，哪里有陪伴？或者说陪伴在我们的生活中只占了很小的一部分，它并不能决定我们生活的走向，它只是给生活加上去的一点装饰、一点糖色而已。

然而很多人却被这些不存在的陪伴迷惑，以为只要步入婚姻，有个人在身边共同度日，那所有问题所有麻烦便会一拆为二，就会有人帮你撑起保护伞。这种想法固然美好，但太过天真。

很多单身的人，对待婚姻的态度之所以审慎，正是因为他们不确信有人能给自己带来幸福。基于这种审慎的拒绝，我认为最有发言权的当然还是当事人，毕竟，幸福这种东西，是要当事人自己觉得、自己感知的。如果当事人自己排斥，就算旁人吹得天花乱坠，他依然不会感到幸福。

所以，那些为了旁人的"幸福"操心的人，在我看来，实在是有些雾里看花水中望月。每个人对幸福感的判断角度可能完全不一样，我们总不能因为对方的择偶标准与自己不一样或者与大多数人不一样，就认为这个人不懂得把握幸福；不能因为一个人就是很愿意独自生活并能自得其乐，就断定他是放弃了幸福。

幸福不是添一双碗筷、多一枚戒指这么简单的事情。归根到底，它是当事者的感受，我们没有权利去教训或评价这个当事者，说他的感受是不真实的，甚至是不正确的。

我对于"幸福力"其中一部分的理解是，它一定包含了一个人对自我的认同。当一个人认同自我，他就会觉得幸福，他认同自我的部分越多，就越会觉得幸福。

很多人之所以自我认同较低，仅仅是因为他们跟大多数人不一样。而人们习惯了认为大多数人的选择才是安全和正确的——这是值得我们去警惕和分辨的事情。人类精神的开放和进化，表现在有越来越多的人可以尊重和欣赏多元化，而不是认为只存在一种属于多数人的声音或选择。

所以，幸福可以有很多来源，比如个人追求的实现，精神世界的饱满，甚至一小时安心的下午茶时光。幸福这种东西说到底是种私人体验，所以，我们没必要去讨论到底哪种幸福才算数，更没必要去对谁说"我觉得你这样才会更幸福"。

Chapter

2

如何在人生的『低处』与自己相见

主动觉察情绪，就不会只动感情不动脑子

我遇到过很多人，即便成年了，情绪依然不稳定。这里的不稳定并不是说他/她一个人的时候，而是在人前。因为在人前，对他人就会产生影响，所以在人前保持情绪稳定是一件非常必要的事情。当然，如果我们能够在独处的时候也保持情绪稳定，那就更好了。

很多人虽然是成年人，但其实并没有有意识地对自己进行过情绪管理或情绪训练，他们只是根据外界环境来判断"我可不可以发火""我能不能宣泄情绪"，而没从根本上解决"我为什么要发火""我为什么不满意""我介意的核心点到底是什么"这样的问题。这样做的结果就是我们常看到的，但凡居于优势地位的人火气都大，其实只是他们处在低位时衡量之下觉得自己不可以发火，等到有朝一日有机会对他人发火了，便变本加厉。这种情况常出现在家庭中，

也常出现在职场上下级关系里。

2018年重庆公交车坠江事件震惊全国，车内监控视频显示，事故系乘客与司机激烈争执互殴使车辆失控所致。在当时的场景下，两个情绪失控的人，竟葬送了十三条人命。而换在平常，想必在这两位当事人身上都看不出来有害人的倾向。很多人给自己的借口是"我不是什么坏人，我也没有什么恶意，但情绪上来了，我压不住"。压不住？压不住便会害人害己，当糟糕的结果出现时，再来解释自己没有恶意，又有什么用呢？

我常跟身边的朋友讲，不高兴的时候要观察自己的情绪，找出由头到底是什么。比如在地铁上有人撞了你踩了你，你通常不会跟对方发火，因为你知道对方是无心的；但假如你积压了一天的坏情绪，在公司跟同事闹了不愉快又被领导训斥，这个时候有人撞了你一下，你可能就会完全压不住火。于是，你把这种情绪宣泄到了一个路人身上，而换作平常，你可能完全不会这么做。

所以，观察情绪，其实就是观察你不高兴的源头到底是什么。从源头上解决问题，而不是积压你的不满，直到压不住，让它在一个并不该爆发的点爆发，这时候聚在你身边的人和事便要遭受你坏情绪无妄的波及。

这也是我们常说的，不要做情绪迁移，哪里有问题就在哪里解决，换了场景，我们便收起原来事件里的情绪。比如我们一直强调的，不要把外面的气带到家庭里来，同样，也不要把家里的气带到外面来。否则，你的坏情绪又在新的场景里引发新的冲突，糟糕的事情不断叠加发生，这样你只会觉得这一天更不顺，从而心情更糟。

情绪可以调节吗?

当然可以。

很多不顺利的事情其实是可以预先判断和规避的。很多情况下我们紧张、焦虑、烦躁是因为我们准备得不够充分,或者说判断失误,或者说我们完全没有提前去做判断。比如下雨天路上会比平时更堵,如果你着急去见人办事,那么就应该选择地铁,而不是选择地面交通,生生堵在路上着急焦虑。

也有很多时候我们的情绪变得糟糕是因为发生了突如其来的变故。比如十分钟前还好好的,结果突然有人带给我们一个非常不好的消息,让我们的好心情一下跌到谷底,这时我们便会有低落、焦躁、愤怒、不知所措等表现。我常建议身边的朋友做这样的训练:遇到不顺心的事情时,先不要发火,不要焦躁,先冷静下来,捋一下事情的逻辑和走向,然后想想如何解决。往往大家很快就能想到解决方案。但如果我们第一时间就让负面情绪占了上风,那么就会开启恶性循环,既消耗精力又浪费时间。

我常开玩笑说,很多时候,我们需要做个"没有感情的机器人",过滤掉过多的个人情感,直接针对事件本身,这样我们既可以高效一些,又能避免无谓的情感损耗。很多时候我们在不该投入情感的地方投入了情感,所以我们常常觉得被辜负,常常觉得委屈,常常不明白为什么对方不理解。其实对方需要的不是你的情感,不是你的初衷,而是你给出的答案。当我们明确了对方是要答案,那么我们就该去寻找答案,如果对方是比较难搞的人,你可能还得多找几个答案,留给对方做选择的余地。

另一方面,我们的情绪来自我们的自尊。尤其在成年之后,年纪越大越听不得别人的批评，潜意识里有种"我这么大年纪还被人说，我岂不是白活了"的想法。但批评其实是无处不在的，因为问题无处不在。每次有人批评我时，我虽然不会发作，但内心会暗暗不爽，如果是非常严肃的事情，我可能还要不爽上一天。但其间我会反复分析对方说的话，一遍又一遍，然后过滤一下，通常会发现其实对方说的是对的。当过滤出"其实对方说的是对的"这一层信息时，我的不爽就会慢慢消失。于是，这个批评我的人，让我不爽的人，让我在某一方面又成长了。

因为我知道自己会有这种不爽，所以我常会问自己：如果有他人批评我这种情况出现，我能不能第一时间就过滤出对我有帮助的信息？我能不能让自己不去不爽？答案是我仍做不到。但我会理清这个逻辑，让自己不爽的时间缩短，并且即便在不爽时也不与任何人发生冲突。

不要在低落时做任何决定，不要在最得意时做任何决定，也不要在愤怒时做任何决定，因为这些情绪都是一时的，非常感性且不可靠。

很多人不愿面对自己的负面情绪，认为一旦将它说出来就显得自己特别小心眼儿，或者显得自己内心狭隘。也许吧。但其实每个人都有狭隘的时刻，都有腹黑的时刻，这是很正常的事情。狭隘和腹黑时刻会出现，我们要捕捉到它，而不是否认它。很多时候我们为了掩饰自己狭隘和腹黑的一面而找了很多借口，却把原本简单直观的事情遮掩得愈加复杂，让对方更摸不着头脑，自己也因此更烦躁。

我们在日常生活里常见到的情况是，你问一个人是不是不高兴了，对方说没有，却又开始在各种细枝末节上找你的麻烦。这就是因为这个人面对不了自己的负面情绪，不承认它的产生。

在与我工作相关的一个培训里，有一个方法叫"找到根因"，这个方法用在工作中合适，用在我们面对自己的情绪时同样合适。一层一层地问下去，你会发现触发你负面情绪的那个点其实非常隐蔽，可能是很小的一件事，甚至可能腹黑到有些不可告人，完全是自己的"小性子"。但这些情绪依然有存在的空间，我们无法消灭它们，我们能做的是与这些负面情绪对话，劝它们安静地退回去。

很多人想彻底打压掉自己的负面情绪，这样做往往会适得其反，因为大家都是肉身凡胎，谁也没有修炼得成佛成仙，再加上很多情况确实是外界突如其来的袭击。从某个角度讲，每个人每天都在承受无妄之灾，而这些无妄之灾有可能正是来自你接触的人的负面情绪以及因其而发生的一些事情。

我们要允许自己有负面情绪，也要允许他人有负面情绪。当自己的负面情绪出现时，好好地与自己沟通；而面对他人的负面情绪时，如果你没有把握转变局势，那么就暂时避开，不要在对方负面情绪发作时去强制跟对方沟通。

把感性的思路转向理性，避开情绪陷阱，先冷静，然后找寻解决办法。尝试几次之后，你就会慢慢养成习惯——一个调节舒缓坏情绪的好习惯。

当生活进入"僵局"

近年来由于整个大环境不好,好似每个人都过得不太顺畅,连身边一直"攻无不克"的女友都在感慨,从2018年冬天一直到现在,简直过得太"丧"。

她说:"你知道这个春天激励到我的是什么吗?"

我问她是什么,她说:"综艺节目《我和我的经纪人》里,张雨绮说自己没有活动接,没有品牌代言接,实在没有事做,就锻炼锻炼身体,把自己的身体搞好一点,把自己的身材搞好一点……女明星尚且如此,何况我们?"

4月的时候,我的一位小同事离了职,新工作谈到了满意的薪水,离开后半个月内却跟我吐槽想从新公司离职。我问为什么,她说感觉自己正在被"击碎"。这个女生上进又优秀,在我的团队里用两年时间就从责编晋升为主编，工作上认真而周全。但进到新的平台后，她有点像进了一个新的门派——她得把她驾轻就熟的东西忘掉，一切推倒重来。一个原本自信满满的女生，被工作折磨得半夜在家哭。

而前面我提到的"攻无不克"的女友，出身百度系，实战经验超强，责任心超强，执行力爆表，出于职业发展考虑，去年从北京去了杭州，进了一家知名的亲子平台。最开始一切都好，公司人性化得很，有育儿室，有儿童游乐区，三八妇女节人力还给公司女员工安排 SPA 和美甲。可惜好景不长，在由杭州阿里系刮起的"996 工作制"风潮中，江浙沪一带的大小公司首当其冲。

我与她的日常通信内容是这样的——

我：有空吗？聊点事儿。

她：等会儿，老板正骂我。

我：好，你先继续。

女友叫苦，说自己老公孩子都在北京，她何苦跑到千里之外每日面对这种苦差。她一直在计划回京，一时半刻却没有合适的机会。

而另一边，留在北京的一挂友人，也并没有好过半点。

在职的工作进入瓶颈期，不是平台不靠谱就是项目不靠谱，平台靠谱一点的，进去之后基本变成"996"甚至"007"。挂着总监职级，其实整个部门只有自己，真真应了那句——一个人就是一支队伍。

我在职场十年，之前从来没有投过简历，基本都是合作方挖我。而从 2019 年底到现在，陆陆续续投了十几份简历，猎头也谈了十来个，却依然没合适的机会。2019 年下半年预约的 2020 年一年的高校演讲计划，合作平台跟我说整个项目取消了，因为甲方已经没钱投了。而谈到新书出版，出版公司的朋友答复"今年实在不好出，我们都在私下和一部分作者解约"。

做影视行当的朋友吐槽说，很多制作公司已经采取了给编剧打白条的合作模式……

有些满目狼藉的意味。

五一假期，一位女友从杭州到我这儿，一路都在工作。我们两个靠在沙发上感慨"真不想上班"，处处都是瓶颈，甚至处处都是陷阱。

没有什么太好的转机，没有什么太有效的办法。套用网上流行的一句话："与你的想象不一样的是生活，与你的想象一样的是童话。"作为成年人，唯有如此开解自己。

我一直记得有次做落地活动的时候，有位同样三十岁左右的女性说她感觉在职场上逐渐进入了瓶颈期，问我怎么办。我当时给出的答案是——当你不能有效前进的时候，就左右晃晃吧。就像张雨绮说的，没戏接就锻炼锻炼身体，把身体养一养，把身材搞一搞。不能顺利换到理想的工作，就先耐着性子把眼下的事情做好，多余的精力拿去做自己真正想要做的事情，哪怕它一时半刻看起来可能是"无效的""无收益的"。小说最后能不能卖先不考虑，故事还是要认认真真写，在没有实现年薪翻倍的情况下，先选择"降级消费"……

现实生活不大能满足一个人一直昂扬前进，很多时候我们觉得自己准备好了，却没有赛事开场，或者完全开了一场意料之外的赛事。这就是生活。

生活大多情况下不如人意，甚至让人沮丧，但也并非完全让人无计可施。

成年人，有安慰自己的责任，但没有坐下哇哇大哭耍赖发脾气的权利，我们只能时刻提醒自己去想办法"曲线救国"。

假期短暂，诸事繁杂，没有去成云南，订几大捧云南的花，大抵也是慰藉。

第一场直播，我拉黑了直播间留言最多的人

如题。虽然来看我直播的人还不到十个，但对于被我拉黑的这位，我仍然不能容忍。

我想，这就是我的倔强。

首先，我不是什么红人，也不是什么专业主播，开直播纯粹为了跟大家随便聊聊。在目前这个阶段的生活氛围下，恐怕大家都比较"丧"，与人聊天能缓解我自己的"丧"，也有可能能帮助别人缓解他们的"丧"，这是我忽然想开直播的初衷。

当人到达一个年龄段之后，会意识到沟通是件非常重要的事情。好的沟通有助于消化，而艰难的沟通让你恨不得撕了对方。但很多年前我不这样想，因为那时候我尚不知道人生如此寂寞，作为平常

人必须依靠与他人的互动才能维系能量。年轻人多不可一世啊，恨不得背弃全世界才算酷。所以如果你现在来问我外星人都教授酷不酷，我会告诉你我觉得他一点都不酷，反而觉得他有些可怜。

总之，我是在这样的动机下跑到了直播间的，然后也告诉了几位朋友有空的话可以来看看。

第一场直播讲的是"春夜，诗歌，生与死"，讲得并不理想，拉拉杂杂讲了一个半小时，太过零碎，原本想分享的一些内容未来得及分享，也怪自己准备不够充分，中途经常会越聊越远。其间后来被我拉黑了的这位问了一个问题："如何看待有神明信仰这件事？"我想无论是有神论者还是无神论者，大家各有自由，只要没有因为自己的选择去对他人强加干扰，就无所谓高低对错，这也是我对待很多事物的态度。当然，我也在直播中表达了我的这个观点。

然后这位"大侠"就开始了他的表演，他说只有脆弱的人才相信神，拥有坚定意识的人都只相信自己。

我讲到大家在生活中遇到困难的时候，要学会向他人求救，无论是亲人、朋友还是专业的心理医生。这位"大侠"在下面说只有弱者才求救，能帮自己的人只有自己。

我提到中年人的"空虚感"，这位"大侠"说那是因为他们还没想明白，如果他们四十岁的时候还觉得困惑，可以去找他。

我在直播时解释了，虽然我一直写的都是关于"女性价值""男女平权"的内容，但我并没有直接在直播中去讨论这些话题，因为这次直播不过是有感而发，随心与大家聊聊，那些内容日后设定相关话题的时候自然会聊到。于是这位"大侠"再次蹦了出来，说："老阿姨，不要这么没意思，不用为了女权而女权。"然后他又巴拉巴拉说了一堆女权如何如何……

我的耐心已荡到底，如果这是我在线下遇到的一个人，或者是在单对单的聊天场合中，估计我早就开始直接骂对方了。但因为是在直播间，我的情绪不应该被这一颗"老鼠屎"带跑，所以我只能尽量压着火忍着。

下了直播之后，我跟朋友吐槽这是进来了什么东西，朋友说："这样的人你得留着，你看人家多投入啊，和你互动从头讲到尾啊。"但我是个狭隘的人，于是我果断把这个人拉黑了。

他像一个什么人呢？

像我在很多很多年前遇到的一个人。那时候我还在读大学，偶尔在网上或杂志上发一些文章，然后有一天有个人通过网络联系到我，问我想不想出书。我问对方是哪家平台或出版社的，过了很久，对方回我说："小姑娘，你还是太年轻了，怎么能这么谈话呢？别人来找你，这个时候你就该把握机会。"这位给我的印象实在太深刻了，以致已经过了十多年，他的这段话我竟然还如此清晰地记得。

他也像我遇到过的另外一个人。那个人通过我朋友联系到我，说知道我是写作的，想跟我聊聊。我说可以，于是大家聊了一些话题，然后对方说："看来你这个人确实思维很不错，竟然能跟上我。"我当场就炸了，直接问对方："拜托，你以为你是谁呢？什么叫我能跟上你呢？又是谁给你的权利和自信让你拿自己做标杆来衡量别人呢？跟不跟上你，又代表什么呢？你算个什么东西？"

做出以上反应的是很多很多年前的我，当时我一点脸面也没给对方留。你以为今天我成熟了？并没有。如果直播间里的那位是私下跟我说的那些话，依然会被我怼回去。

为什么要把话说得这么直白，不给对方留情面？因为我知道如果不把话说到这个份儿上，这些人完全不会明白问题出在哪儿。

问题就出在——你以为你是谁呢？

我不知道上面我所列举的这些人到底缘何如此自信，但我很确定的是他们对自信有着极大的误解。自信不是自封的，不是自我感觉良好，不是以为自己手里有个泡泡灯就可以给全世界打叉。任何人都有权利 diss（诋毁）这个世界，这一点都不奇怪，也根本不是什么特权。如果一个人觉得 diss 世界或别人是自己的特权从而以此行为来刷存在感的话，那实在是太滑稽了。

我也知道，这样的人大有人在。我在想是不是因为他们成长得太顺了，顺得眼界如同井底之蛙？还是说他们其实很自卑，必须靠这种反向操作来肯定自己？心态平和一点，眼界开一点，不要到处刷存在感、优越感。你可能误以为你刷出来的是存在感，但在旁人看来，这个人就太 low（低级）了。

一个成熟的人谁会天天满世界证明自己强呢？又不是一只公螳螂。就算是一个段位最高的辩手，也不会把自己的擂台到处摆。如果一个人处处想证明自己强、自己对、自己优越的话，这样的人真的太让人讨厌了。

我见过很多中年男人，在寺院里骂骂咧咧，说和尚没有好东西，拜佛烧香不如求自己，但过一会儿，他们又整整齐齐去烧香了。烧过香之后，他们又开始骂骂咧咧。

我想不出他们到底出了什么问题，只能笼统地概括说这是做人的问题。

记住，一个心理成熟的人没必要靠天天满世界 diss 别人来刷自己的优越感，因为，那蠢不可及。

努力享受做一个普通人

　　昨晚与一个年轻姑娘约饭，我们三年前因为工作关系匆匆见过一面，之后也因种种原因没有断掉联系，但再未见过。约的时间是七点半左右，姑娘迟了些，在微信里气喘吁吁地说："不好意思啊，乔姐，我真是笨，我记得这附近有花店的，我怎么找都找不到了……"原来是给我买花去了。

　　她坐定，我们边吃边聊，她说："你知道吗？我认识你三年，除了三年前匆匆见过一次，之后我再没见你，因为不敢。"我很惊诧。除了合作，我们接触并不多，而每次合作其实都很顺畅。我曾签了姑娘做我的外聘主编，她一直认真负责做得很好，虽然后来因为公司业务转型没能一直合作下去，但我们交往始终都没有断。

　　姑娘是细心且体贴的，当年我术后恢复上班，她订了鲜花到我的办公室,去日本玩回来寄给我御守和巧克力。我家经常有姑娘们的饭局,邀过她几次她都没来,我从未想过她给我的理由竟会是——我怕见你。

虽很意外,但我大抵能明白她的感受——有点"近君情怯"。因为你喜欢一个人,所以你希望自己站在这个人面前时是好的;如果这个人在你眼中是发光的,你希望站在他／她面前时自己的光亮也能被对方看见。

这种情愫,我在二十多岁的时候也有过。那时我有喜欢和欣赏的对象,有心目中的榜样。虽谈不上见贤思齐,至少也像个要交试卷给对方的学生,尽管对方可能完全不知道这码事,甚至后来就慢慢遗忘了我这个人。

接着姑娘扔给我一个重磅消息,她说:"乔姐,我裸辞了。"这让我很意外,要知道眼下大环境如此不好,而姑娘所供职的平台其实还不错。我问为什么,她说:"我感觉在这儿学不到东西了,再待下去不过是重复自己。我不怕吃苦,但真的怕这种消耗,我会觉得自己没有长进,我甚至觉得现在一个刚毕业的学生到这儿来工作一年,能力和我都是一样的……"

我完全能理解她,不管大环境顺不顺,这是很多职场人的瓶颈——公司的发展与个人能力的提升很多时候并不是一致的。我记得有一次一个年长的人对我感慨,说:"你们年轻人现在做事情没有常性,工作热情也不高,黏性也不高。"我当时回复他的是:"不是年轻人工作热情不高,而是公司给员工安排的工作越来越难以满足年轻人自我提升的节奏和需求。"比如一个人会做五件事,而且这五件事他都能完成得很好，他给自己的综合预期是可以融合做这五件事的能力，以此来自我展现以及标价。但公司对员工的要求是，你只需做好这一件事，这是你的岗位职责，其他事情，即便你能比别人做得更好，但那不是你岗位职责范围内的事情，所以你不要插手。

公司有公司的逻辑章程，但在当下互联网时代大家兴趣广泛、思维活跃、执行便捷的背景下，公司对员工的专项岗位要求，确实很难满足员工对自己的自我发展规划，也就很快会出现上面说到的状况，工作了三四年的年轻人便已觉得在重复自己，很难突破，不知如何有效迭代。

每当有年轻的职场人这样问我，我都鼓励大家不要放弃自己的兴趣。在现实里，我遇到的生活被工作饱和填充的人是不多的，包括我自己。即便现在很多平台都在实行"996工作制"，但大家也都心知肚明，是否真的需要"996"？"996"是否真的能提升效率，增值产能？还是说我们是在掩耳盗铃？

工作形式的迭代越来越快，每个人的平均工龄越来越短，今天的"90后"都已经明确感受到了职场瓶颈。在这种大环境、大节奏下，很多人会感到压迫，感到时不我与，由此衍生了一门淫巧的生意——以各种模式、各种形式、各种话题来兜售紧张和压力。但那些制作精美的宣传内容，往往都不是真相。

真相是，有些时候不是你不够努力，而是你无处努力，甚至是你努力了，但就这样了。

人生的机会是由很多因素构成的，我们通过一部分努力能够拨动的其实只是其中的一部分因素，而这部分因素最后是否能起到决定性作用，无人能答。

作为普通人，我们能给自己的安慰和开示是——

努力比不努力会好一点。

准备比不准备会好一点。

认真比不认真会好一点。

至于最后能好多少，好到什么程度，这个好何时来临，我想，这是我们都无法回答的部分。

我想到一个词——佛系努力。生而为人，我们付出努力是为了看到自身多一点的可能性，这是对生命或者说对自我的尊重。至于成败荣辱，那不是一蹴而就的东西，更不应成为人生的唯一焦点。

更多时候，我们该提点自己的是——享受做一个普通人。

孤独是一种无法被分享的从容

很多年以前，我写过一本书，书名叫《越爱越孤独》，是本言情小说的合集。饮食男女爱恨悲欢，越爱越孤独，这是我当时对爱的理解，那时候我二十四五岁。而今，我三十五岁，忽然想到当年自己的这个想法，细想下去，发现自己的观念竟然已经变了。

在眼下这本书里，我的另一篇文章大概阐明了一个观念，那篇文章标题叫作《承认"爱是有条件的"才会过得更好一点》。当时发在豆瓣网，引起很强烈的回应，被收藏了 826 次，转发了 198 次，下面有接近 100 个人留言评论。评论中不乏"如果爱都要有条件，不如干脆不要……"这样的内容，如此骄傲任性又决绝，多像我二十多岁时候的想法。可是，爱，怎么会没有条件呢？我们被一个人的外貌、谈吐学识、人品行径、能力财富等方面吸引，这些，哪一项不是条件呢？虽然说每个人在为条件排序时侧重的方面不一样，但我们还是在筛选在某些方面符合自己心意的"佼佼者"，这不恰恰说明爱是有条件的吗？

只是我们不想去承认，因为一旦承认爱是有条件的，就会显得尤为现实。而成年人基本都早已被现实撞得鼻青脸肿，好不容易找到以爱为名的避难所，现在你告诉他就连爱也是有条件的，他自然是很难接受。

我们憧憬绝对的爱，憧憬爱不受限，憧憬爱是纯粹且万能的。正因为这些憧憬，我们在爱里虽然感受到了快乐和满足，但随之也感受到了巨大的孤独。

为什么？

因为我们对爱的诉求太高了，太全面了。我们诉求爱是万能的，诉求我爱的那个人是万能的，诉求他无时无刻不与我心意相通，诉求当我需要时他能随时出现，当我心情不好时他第一时间有妙招哄我开心，当我身陷困境时他能出手帮我解决……

我不知道这样的人是否真的存在，至少在我遇到的以及我听说的所有伴侣关系中，都没有这样的角色存在。现实的情形可能是：当你不开心的时候他恰巧也烦躁，你希望他安慰你，结果你们吵了起来；当你身陷困境的时候，他可能自顾不暇，或者说并没有足够的能力来帮你解决你的困境；至于心意相通，看看男女两性对待同一个事物有多少不同的反应就知道了，怎么心意相通？

如此种种，你会发现没有人能满足这些诉求，于是你觉得失落和孤独，这种孤独会比单身时更甚。单身时你只是孤独，而在伴侣关系中的孤独源于你对两个人不能完全同步的无力和失望。

你的孤独来源于对方不懂你的所思所想所感所求,来源于对方不懂你的孤独。为什么对方不懂?这真是太玄了,恐怕连鬼都不懂。

一个结婚快十年的朋友告诉我,要想让两个人的日子过得下去且看上去关系还不错,就不要对对方有那么高的期待。如果有什么事情是你要求对方必须做到的,那么你可以直接告诉对方。但这个要求只能是一个基础要求,不能太高,至于那些你闷在心里不说又希望对方能懂你能满足你的期待,往往最后都会落空。

当期待都落空了,你的孤独就被放大了,你甚至会觉得两个人过比一个人过更劳心劳力,想不通为什么非得找伴侣,为什么非得结婚。其实,孤独是时刻存在的,它来源于人的生理本性,来源于人的基因记忆。人要面对生老病死、爱恨得失,不仅要面对自己的,还要面对他人的,每一次、每一件都会让我们觉得孤独,这种孤独是"无所依寄"。没有一个上上签是你拿到了就能保障你永远幸福无忧的,我们所处的环境——大的环境、小的环境,无时无刻不在变化,这种无常的变化,让我们无所适从,很多时候我们都来不及反应,于是显得力不从心。我们在这些时刻就会感到孤独,会发问为什么命运不多照拂自己一点。

有太多事情是无法分享的。一对在一起生活了一辈子的老夫妻,当其中一个卧病在床时,另一个无法感知他/她的病痛。虽然这并不代表另一个不会心焦心痛,但这种心焦心痛病人其实也是无法感知的。对于没有发生在自己身上的事情,我们只能靠想象和经验去理解,但这种理解和当下正在承受痛苦的人的感受,其实是完全不一样的。所以,我们会感慨,人类的悲欢并不相通,这大抵就是为什么人类会有无法消除的孤独感。

因为有这些不可见也不能被传递的感受存在，我们才会感到孤独，所以孤独注定无法被他人分享和理解。但与此同时，其实我们可以分享其他的东西——我们可以去分享那些可见的、可以被传递的感受，比如老夫妻之间相互的在意、关心、陪伴和照顾。当这些可以分享的感受越来越多时，我们心中感受到的孤独就会消减。

我们应该看到这种人为了与他人建立连接和情感而做的努力，看到它正向而积极的一面。哪怕这种努力不是万能的，哪怕它非常有限，哪怕它可能并没有直接解决你的实际问题，但当它被看见、被正视、被珍重的时候，我们会感到莫大的安慰。至于每个人身上那无法消除的孤独感，借用池莉老师的一段话来阐释："我怀疑，孤独是被孤立出来的。我从不怀疑的是，如果连孤独的权利都没有，那才真是孤独。"

所以，我们可以感到幸福，感到满足，感到被善待，但请保留孤独的空间，并且正视它的存在。孤独并不会使人不幸，只是人往往在不幸时才意识得到孤独。接受孤独，即接受生而为人的有限，即接受自己的有限和他人的有限，因此，接受孤独是对生命本身的体谅和宽容。

"享受当下"的正解是认真地对待当下，认真地做出选择

早上广播台里两位主持人在热热闹闹地讨论一个人的"硬核"属性，即一个人的核心战斗力，或者说在性格方面最为可贵的品质。我借用一下"硬核"这个词，引出另一个话题——"硬核需求"。你的硬核需求到底是什么，你真的清楚吗？

有一次，一位女友与我约在咖啡馆见面，我们因很久未见，便聊到很多话题，谈到工作的时候，她说新换的工作事务繁多杂乱，很让她操心。我问她薪水如何，她说还算满意。我劝她说那还好啊，毕竟诸事难两全。

我的这位女友不到三十五岁，在公司是总监级别，要负责很多事。家有三岁幼子，所以她理想中的工作是"离家近些，不用加班，有宽裕的时间陪孩子，薪资合适，不用太辛苦操心"。应该说这是

很多人期待的"理想工作",但在现实里它几乎是不存在的。

平日里很多人开玩笑把"有钱有闲"这个状态挂在嘴边,但在实际情况中,这两者恰恰是相悖的。没有一个公司的老板会花高薪请人来"享闲",甚至可以说他们生怕自己的钱白花掉,恨不得狠狠榨取员工的劳动价值。想要高薪,通常状况下就得承担重要工作。这种状况下,你怎么可能是清闲状态?

我的团队里原来有两位平级的姑娘,两人都是"90后",年纪相仿,能力差不多。最后我选了其中一个晋升到团队管理层,最直接的原因是这个姑娘更上进,平时把精力更多地放在工作上。而另一个姑娘,业务能力也不错,但平日精力更多地放在了生活玩乐上。两个姑娘都很优秀,也并无高下之分,但作为一个团队管理者,我很清楚把谁安排在更重要的位置上才能更好地发挥作用。

在达标完成岗位工作的前提下,选择清闲还是上进,这是一个员工的自由。但作为一个团队的一员,无疑,一个平时更上进更愿意为工作付出的人会发挥更大的附加价值。

我常听到一种说法,有些年轻人认为在职场上晋升不重要,只要做好自己的一摊事儿就行。我认为这种自我设定非常扁平化,粗糙地将职场晋升理解为"我要不要当领导?我要不要管人?我爱不爱多管事?我要不要和更多人打交道?"这更多的是出于个人社交心理层面的理解,是很主观的。然而,职场晋升真正的意义在于——让你有更多的机会学习和施展,通过优先的机会获得优先实践,以达到从量变到质变的自我提升和转化。

如果一个人希望快速提高自己,但对职场晋升却又不感兴趣,这在实操里是很矛盾的。很多人说除了晋升还有别的渠道啊，比如可以成为"资深专业型人才"。但我们仔细想一下就会发现，绝大多数人从事的工作都不是高精尖类专业指向性极强的工作，而是一个常见的重复性很高、可替代性也很高的工作。在这种情况下，所谓的"资深专业型人才"通常是要打一个问号的。

职场上的向上优化和晋升，并不是你得去管理别人，得去跟人打交道，而更像游戏过程中的添置装备。你拿到好的装备，你的速度、效率、成果才会比别人实现得更快。

对一个职场上的新人尚且如此要求，何况那些重要岗位的负责人？

"钱多""活儿少"是相悖的。

"位高""不操心"也是相悖的。

你总得出让一部分，比如用更多的精力和时间去换你的高收入，或者，拿比你的期待略低的收入来换你更多的自由。

这里有选择，也有排序，即在你心中，到底什么更重要。是陪伴孩子更重要，还是巩固职位更重要？是个人自由更重要，还是力求高薪更重要？

这个选项，无所谓高低对错。只是你必须厘清自己，这样你才可以画直线下去；如果你厘不清，什么都想要，只能画成一团乱。

我们常用一句话来鼓舞自己，叫"享受当下"。但这句话常常被误解。"享受当下"并不是指"享受所有"，而是指认真地对待当下、认真地做出选择。我们在当下无法做出选择的时候，还有一个小方法叫"延时享受"。比如，一位职场女性在无法明确地判断自己是更希望在职场上更进一步,还是更愿意备孕生二胎的时候,不妨问问自己,是三年后成为一个更优秀的职场人让你更享受,还是十年后成为一个幼子的妈妈让你更享受。也就是说,当你面对眼下的两难选择时,哪个能在一段时间之后给你带来更大的心理享受,你就选哪个。

困难从来不是你的理由

团队里前段时间出了一件比较奇葩的小事儿。

美编姑娘因为老公生病要请一周的假。一般公司规定请假均在三天之内,超过三天,需要公司老板亲自批。

美编向直属领导主编请了假,我让主编问清楚什么状况,美编说是老公急性阑尾炎,有可能需要手术住院,她要二十四小时陪护。

主编跟美编说希望她做好工作交接,最好在她请假期间请其他美编帮她处理一下工作的事情,如果没有问题,那么申请这么长的事假则好批一些。

结果美编的反应让人大跌眼镜,她说:"我老公都这样了,我愿意让我老公生病的吗?我也不想啊!就算你们不批我的假,我老公这个状况我也不能来啊!再说,我请了假,后面的工作安排就是领导的事情，为什么还要我对接？……"

这让我想起很多年前我路过领导的办公室，听见女领导正跟一位员工说："你明白请假的意思吗？是你向我申请批准你的假期，而不是你来通知我你要休假。"当时我没有太大感触，等到我自己带团队了，遇到形形色色的状况，才知道当时那位女领导声色俱厉说出这句话时内心有多无奈。

理一下这位美编姑娘的思路盲点：

第一，姑娘的老公虽是突发疾病，但是否需要做手术以及住院尚不清楚，医生的建议是先观察一下，如果还不行，那么才需要手术住院；

第二，即便姑娘的老公的确需要手术住院，具体需要多长时间还不确定，要知道北京的正规医院就医都紧张，很少留病人久住，同理，二十四小时陪床这种情况基本也是不允许的；

第三，姑娘的诉求是家中有急事需要请假，团队管理者的诉求则是我愿意批你的假，但前提是你要把工作对接好，不要因为一个人离岗而造成工作上开天窗，领导可以帮忙协调，但领导不能帮你做工作，所以你需要告诉领导在你请假期间，谁可以帮你做你的工作；

第四，批了的请假叫请假，没有批的请假叫擅自旷工，这两者有本质区别，后续处理也完全不一样。

很明显，以上四点，请假的美编姑娘完全没有搞清楚。让姑娘理直气壮的请假理由就是——我老公生病了，我现在遇到了困难，你们还想让我怎么样？

从人情上讲，我们固然理解她，但从对公的角度看，遇到困难不是她的理由。

遇到困难，你要做的应该是在有困难的情况下解决问题，以及借助外力来协调工作，而不是把你的困难直接变成别人的困难，把你的问题直接变成别人的问题。

就像我上面说的，这个事情其实有很多关键点还不确定。比如姑娘在没有完全确认到底什么状况的情况下，一下子就要请一周的假，真的需要这么久吗？这是个未知数。

她老公到底需不需要做手术，也是个未知数。

需不需要二十四小时陪床，同样，还是未知数。

在所有诉求都还不确定是否真正有必要的情况下，如此毫无逻辑地提出诉求，只会让问题变得更复杂，让困难变得难上加难。而事实上，我们面对问题面对困难的正确方式是拆解它。

比如，在不确定老公是否需要手术的情况下，姑娘可以先请一到两天假来照顾和观察。在请假之前，姑娘事先做好工作对接，先确定可以帮自己完成工作的同事人选，然后去跟领导说明情况，请领导指派委任。

再者，如果姑娘的老公真的需要手术住院，那么到底需要多少时间？是否需要二十四小时陪护？如果没有合适的人手能完成姑娘的工作，姑娘可不可以每天来半天，上午来工作，下午去医院？虽然这听着不那么尽如人意，但从另外一个角度讲，公司最核心的诉求只有一个，那就是保障工作日常运转，而不允许因为某个人的离岗造成工作上开天窗。

每个人都会遇到困难，但不是当你遇到困难的时候，整个世界都要为你开绿灯。

这不现实。

不要把困难当成你的理由，你自己的困难本就需要你自己去解决。在此期间，你可以寻求外界的帮助，但切记——那不意味着将你的问题转化成别人的问题，将你的困难转化成别人的困难。

关键还是你自己如何去更好地解决。

浪漫是种生命力

很多人对浪漫有一种误解,以为浪漫是要费心费力去营造的风花雪月或小资情调,甚至有人认为浪漫是有钱有闲的人才能追求的事情。至于疲于奔命的日常,要什么浪漫,还是埋头苦干吧,头顶的星空都不要多看一眼。

其实浪漫是对美的向往、追寻和感受,所以在这方面女性有天然的优势,因为女性本能地就向往美的事物,同时她们的精神世界非常丰盈,感受力也非常好。所以我们从日常经验里得出的结论往往是女性更爱浪漫,而很多男性对于女性爱浪漫则表现得不屑一顾。

很多男士为了不给自己招惹麻烦,在特殊的纪念日里会给女伴送礼物,但出发点无外乎是例行公事。这种为了纪念而做的纪念,为了表达而做的表达,并不算是浪漫,只能算是有心。归根到底,浪漫是精神世界里的东西，它跟你收到和送出了什么礼物并无必然的关联。倘若有人以礼物价值的高低来衡量浪漫，简直是对浪漫最大的亵渎。

仪式的浪漫是浅层次的浪漫，很多人追求仪式，其实并不明白追求仪式的最终目的是什么。所谓仪式，是达到身心满足的一个途径，就好比很多人去学茶道、花道，上各种培训班，这没什么不好。但有些人陷入了一个误区，认为自己去学了这些技艺、上了这些培训班就更浪漫了，更有格调了，更有品位了，甚至很多培训老师本身也只是囿于技艺的纯熟，对于仪式背后所关联的精神世界，并无过多探索。

我有位朋友是研究、教授国际商务礼仪以及个人形象设计的专家，她常跟我吐槽说国内很多人从事关于"个人形象"的培训，教的东西却都是皮毛，甚至可能跟培训项目真正的内核南辕北辙。她说有一次，一位讲师同时也是她的学生，问她出席公开的正式场合，女宾是应该挽着男宾的左胳膊还是右胳膊。如果按照中国传统的"男左女右"习惯，那么女士应该在右边挽着男士的右臂；但她说从真正实用的角度去思考，你就会明白为什么西方礼仪里女士是要挽着男士的左臂了，因为他们有绅士的传统，男士空出右胳膊来是为了方便随时为女伴提供服务和帮助。

所以，每一种仪式，哪怕是挽臂这种小小的细节，背后都有其根因，要么跟文化相关，要么跟传统相关，要么跟实用相关，绝不是表面的"如何看着更好"这么简单。

在我眼中，浪漫的人通常是精神浪漫的人，也就是说他们可以跳出那些俗常的仪式，真正在精神世界里去感受美。这是一种生命力，灵敏，美好，会不断在美中获得滋养，且这种滋养是不需要消费就能完成的。比如某一日的日落和日出，比如某一朵花的形状和颜色，比如春日里雨水渗透泥土的味道，比如秋日里杨树叶被照得闪如波光的样子，比如在快速通信的当下有人从远方寄来的明信片，比如下班逛菜市场时，买了空心菜又同时买了枝向日葵……

如果你是个精神世界浪漫的人，那已是十足幸运，因为这种滋养的养料完全来自日常，来源于细碎的生活，来源于生命感受力本身。所以你会发现，那些精神世界浪漫的人，好像总是怡然自得，好像总是很平和，好像轻易就能被满足。

不要小看精神浪漫这回事，它不仅是仪式，不仅是感受力，它其实就是生命力本身。

电影《无问西东》里有一个片段：在抗日背景下奔波千里辛苦辗转的教授和学生们终于到了昆明，搭建起了临时的校舍。校舍条件异常简陋，暴雨打在铁皮屋顶上哗哗作响，学生听不清教授讲的内容，教授无奈，转身在黑板上写了四个字"静坐听雨"。而在现实里，校长梅贻琦先生上课迟到给学生们道歉，他解释说："我刚才在街上给我内人的糕点摊守摊，她去进货了。可她办事不力，我告诉她我八点有课，她七点半还没回来，我只好丢下摊，跑来了。不过，今天点心卖得特好，有钱挣啊！"梅校长为了办学变卖了家当，连夫人都跑去街上出早点摊子。虽然这听起来很辛酸，但对理想和初心的坚持，却是最宏大的浪漫。

假设没有一个浪漫的精神世界在引导着我们，面对庸庸碌碌的日常和反反复复的人生，我们又如何坚持得下去？

所以，拥有浪漫之心的人，都是受了命运的恩赏的。哪怕是从众人眼中平平无奇的日常中，他们仍能感受到美，感受到细腻，感受到生命力，感受到触动，依然可以因此与自己的内心世界发生关联从而得到滋养。这不得不说是非常幸运的事。

去年夏天与朋友去青海，在高速休息区休息时，看见前车上的男人下来采花。那是个平平无奇的四十岁出头的男性，皮肤黝黑。但在他小心翼翼采了一把小紫花的那个瞬间，我觉得这个人在发亮。他将花拿回车上去送给自己的太太，我刚跟朋友感慨说他好可爱，结果前后不到二十秒钟，那把细心采摘来的小紫花就被丢了出来。我和朋友面面相觑，然后爆笑。

朋友说，你看，浪漫的人也得遇见另一个浪漫的人啊。

我坐在位子上，一边笑，心下一边替那个男人感到委屈。

良性的沟通来自正向的表达

通过一直以来的观察，我得到结论——在我们的文化中，我们不大擅长准确地表达自己内心真实的想法。哪怕是在比较亲密的关系中，我们也会因为这样或那样的心理而选择掩饰和说谎。最常见的情况是，当我们想说"不要"时，我们怕对方因为被拒绝而产生抵触情绪，于是我们往往不去表达"不要"；而当我们"想要"时，又怕给对方带来负担，怕被对方拒绝，于是我们又掩饰自己的"想要"。

如此反复，就会使原本非常直接直观的事情变得复杂起来，导致你无法判断对方说出来的话到底是不是他内心所想。也正因如此，我们会在社交中变得非常吃力：我们不仅要接收别人表达出来的内容，而更多的，我们还得去分析对方没有表达出来的东西。

通常我会建议，与他人沟通时第一时间就要把自己的意图阐述完整。但往往我们在现实生活中并不是如此操作的，我们通常会先试探对方，而对方在这个环节则完全接收不到任何有效信息。

我举个例子。假如一个人想在周日组局，邀请朋友为自己庆生，很多人第一次来沟通，会问："你周末有时间吗？"但真正完整的表述是："你周末有时间吗？我周末过生日，想邀朋友一起庆生，希望你能来。"前者在表达"我找你有事"，而后者在阐明"我找你有什么事"，接收的人在这两种情况下可能会做出截然相反的反应。比如有人问我周末有时间吗，我可能刚好周末有件小事要处理，或者最近很累，我想休息一下，那么我会告诉对方我没有时间；但如果对方说清楚是为了庆生，我可能就会把为对方庆生这件事优先排到其他事项之前，那么我回答对方的就是我有时间。

这是完全不同的两个反馈，仅仅是源于发起者在表述上的差异。很多人在沟通时往往是先试探，比如问对方有没有时间，目的是要看对方方便不方便，如果对方不方便，那么就不要麻烦人家。但事实上，对方是否方便，这是要对方自己去判断的，而不是由你来判断。如果你的表述不完整，对方便只能接收到你的一部分信息，甚至接收不到任何信息，那么如果对方在这一轮沟通中就表示了拒绝，你的真正意图根本就没来得及说出口。于是你想，那算了，既然被拒绝了，既然对方不方便，那我不要说了。其实假如你在第一时间就把真正的意图说出口，可能得到的反馈会完全不一样。

完整、准确地表达，尽量不让对方产生歧义，让对方明白你的交流意图，这是我们在沟通时应该注意的基本原则，这样做能够避免不必要的消耗，更能够避免对方在不知情的情况下拒绝。

另外一个很重要的原则是要正向地表达。什么是正向地表达？只说好话？只说对方爱听的话？当然不是。

比如一个日常生活中太过常见的场景：一对夫妻一起吃饭，其中做菜的人把菜做咸了，另一方的表达应该是"今天这个菜有一点咸了"，而不是"你怎么连个菜都做不好"。前者是在客观地阐述问题，不带有指责他人的情绪，且点到为止；而后者，完全是在指责对方。不同的表述，会引起接收者给出不同的反馈。如果是第一种表达，正常情况下结果会是双方已知情，下次注意一些；而如果是第二种，则容易引起不必要的矛盾或争吵，因为双方都会带入负面的情绪。

在我们的表达里，我们通常会认为，如果我传达的是一个不好的消息，它就是负向的表达，既然如此，那我就不传达了。比如对方问我是否愿意接受一件事情的安排，我内心是不愿意的，但我为了避免拒绝对方让对方对我有情绪，那么我就说我愿意接受。这种表达，依然不是正向的表达。正向的表达不是不去说"不"，而是说好"不"，学会用更容易被他人接受的方法去表述不好的事情。

人际交流中的绝大部分消耗就是沟通带来的消耗，这种消耗会让人身心俱疲甚至心生厌倦。而究其根因，除了小部分是真正的恶意，更为常见的是我们不能好好地表达和交流。所以，沟通和表达都并不仅仅是"开口说话"这么简单的事情，它同样需要我们日常的观察、练习和调整。不要小看语言的影响力，就像我们常说的那句俗语：一句话捧人笑，一句话惹人跳。同样是一句话，希望我们表述之后它能帮我们进一步解决问题，而不是制造更多的问题。

没有错误的选择,但有更高效的选择

很多年轻人最受不得的三个字是什么呢?

"你错了"!

我曾经带过一个小姑娘,由于缺乏工作方法和窍门,她完成工作总是比其他人慢两拍。我观察几次后单独找她聊天,把自己多年工作中积累总结的与工作相关的小窍门教给她,但让我意外的是,之后这个姑娘的工作效率依然低下。

事实是她并没有采用我教给她的方法。我问她为什么没有采用,她的回答再次让我意外。

她说:"老师,我觉得我的方法和你的方法是一样的。"

我当时想,怎么会是一样的呢?一个方法用三个小时能解决问题，一个方法用半个小时能解决问题，这怎么看都大相径庭。但是小姑娘的衡量标准是——我们最后都完成了工作，只是她花费的时间长些而已。

我大体能理解这个姑娘的想法，年轻人对他人的"经验论"会有种本能的排斥和叛逆，因为他们认为"我与你不同，我有我自己的人生和方式，你所教授的经验未必适合我"。再有就是，一个刚从学校出来，初入职场的年轻人，对时间几乎是没有概念的。

"我那么年轻，有大把时间和精力。我用我的方式同样完成了工作，只是耗时长一些而已……"

那么，年轻人真的有那么多时间吗？

我不得不抱歉地说，可能你们对此误会了。

如果你是应届毕业生，那么，求职的准备其实应该在你在校期间就开始了，甚至早到你当初选择大学专业之时，因为那会决定你日后求职是否能更容易一些。

步入职场的第一份工作即是你的起点，你选择的公司或平台是大是小，是否有权威性、品牌性，它不仅仅关乎你第一份工作的收入，更关乎你之后的职业发展是否顺畅。

一个职场新人在一家公司做到成熟期需要一到两年，但你的直属领导和你所属的团队对你的考核期其实是三到六个月。一般人通常都会通过试用期，所以你获得了这份工作觉得松了一口气，但你的领导在这三到六个月的时间里，已经通过各方面观察基本判定了之后是否要培养你为这个团队的核心成员。

这也正是为什么同期入职的新人，有人会在两年后被委以重任，或者干脆跳槽去了更好的公司,而有的人始终在原地踏步,没有多少选择的空间。

与之同步的大环境变化是,由于互联网的发达,我们的职业种类越来越多,节奏越来越快,变革也越来越大。在之前,我们尚可选择一个行当一家单位做上二三十年直到退休,而在今天,这几乎是不可能的。

试想一下,难道未来的互联网行业会需要头发花白的老年人吗?

而在"80后""90后"的身后,"00后"甚至"10后"正在迭代崛起,他们掌握新鲜事物的速度更快,他们了解这个世界的渠道更多,他们活在一个更高效直观的世界里。这也正是为什么当下很多"90后"已经开始创业,并且获得了不错的成绩,因为这是一个比"新"的时代,而对于"新"的创造和学习,他们更容易上手。

所以,我们会有些吃惊地发现,所谓"几十年的职场生涯"这种说法,是存疑的。"职场寿命"这个东西在不断地缩短,从三十年到二十年,到十五年、十年,甚至更短。

这就回到了我们前面提到的问题——

一、年轻人在职场上是不是有大把时间?

显然没有。而且很遗憾地说,现在的就业以及工作压力,其实比十年前要大得多。

二、在时间有限的情况下,用三小时完成工作和用半小时完成工作是否有同样效果?

显然不是。你不仅需要挖掘,甚至需要榨取你的时间,使你的工作更高效、更有价值。

三、高效的方法是不是更高级?

可以这样讲。从个体角度进行对比,"对错""高低"是不存在的,只是个人选择不同而已。但对于职场以及社交,则是团体范围内的个体对比,那么"高效的方法"就是我们理应学习的方法。

每个人都需要被解读

朋友跟我微信聊天,说想找位心理医生咨询一下。我问她怎么了,她说其实并无大碍,但感觉整个人越来越焦躁,她问我:"你说我到底有没有必要找心理医生?"

我说:"当然有啊!"

我们大多不擅关注人的心理成长过程,单靠自身摸爬滚打好不容易长大,不遇事还好,一旦遇到事情,能泰然处之、理性克制的人少之又少。这跟我们缺乏情绪控制练习有关,跟我们自我世界价值观的不稳固更有关,一旦有个风吹草动,我们便会如热锅上的蚂蚁。

在我们的传统里,没有看心理医生的习惯,我们便将需要消化掉的负面情绪加诸自己身上,这还是好一些的状况;糟糕的情况下我们其至会将其加诸他人身上。

并不是每个人都有时刻消化掉自身负面情绪的能力，这种情绪一旦消化不掉，就如代谢出来的垃圾，在一个人体内越积越多，虽不至于把人拖垮，但会让人经常感到万般沮丧。

面对容易沮丧和消极的人，我们常会责问对方："你怎么这么脆弱，这么不堪一击？你就不能坚强一点，不能像其他人一样？"我初中时读寄宿学校，每次在学校生病，电话里我爸的话都是："你怎么自己一点概念都没有？一个人在外面就要处处小心关照自己，怎么能让自己生病呢？"如此听来，生病倒成了我的不是。

我的一位朋友跟我说，在遇到我之前，在她人生的二十多年里，没有人跟她说过一句"这不是你的错"，哪怕是一个人都没有。身边的人鼓励她，给她加油，不断告诉她她需要更努力，如果依然没有理想的结果，他们便会说："这说明你的努力还不够，你得像×××那样才行！"

我们长期身处这种环境中，如同一只只气球，看起来越来越大，但事实上越来越薄。很多情况下，一根极细小的针就能把我们全部瓦解掉。

而当你破掉了，旁人又会围上来，七嘴八舌地议论："怎么回事？怎么会破掉呢？怎么会出问题呢？"

不是"怎么会出问题"，而是我们一直在出问题啊！我们被教育的是尽量不要去求救，甚至连倾诉都不要，因为几乎没有擅长倾听且愿意倾听你的人。他们不需要知道你的真实处境和想法，他们看到你掉进一个坑里摔了一下，却会认为这并无大碍，认为你应该且能够迅速站起来，拍拍衣服上的灰，说这都不算啥。

很多时候,我们看不得他人无力,也受不了他人求救,因为我们自认没有过剩的能力去照拂他人,替他人分担。所以,我们希望每个人都坚强一点,这样,就不会有人麻烦到我们,我们也不必因此感到为难愧疚。

慢慢地,我们变成了封闭自我的人,我们在外面说很多话,但那些都无关真实的自己。我们怕自己给他人添麻烦,怕尴尬,更怕自己此时的痛苦成为他人的谈资。

2019年冬天,朋友介绍一位占星师给我认识,我当时只是出于好奇,便约了姑娘线上咨询。90分钟,800块,提前一周简单沟通一下,然后约定时间开聊。我并未抱什么期待,不过是觉得新鲜好玩儿,直到占星姑娘跟我聊到两个话题。

其一是我对另一半的期待。我说"至少聊得来吧",姑娘说"不仅仅是这样,你一直渴望的人其实是能超越灵魂的伴侣"。其二是关于我性格的阐述。我说"我容易厌倦消极",姑娘说"你的情感要比这强烈得多,确切点说应该是你觉得痛苦,甚至会想到毁灭"……

我坐在沙发上,吸了口凉气。

首先,我本性便不是个在人前叫苦的人,何况我自己清楚我的痛苦来得毫无缘由,至少它不来自现实层面,它不由现实里的烦恼挂碍而生,因此,便谈不上因何而解。但这种痛苦又如此真切,它曾让我在多年里一直瑟瑟发怵,它甚至一直影响着我的身体健康,让我感受到真实的心痛。那是一种扎扎实实的疼痛,而非形容。

这些,我从未跟任何人讲过。

包括对另一半的期待,我不会告知他人我一直渴望的是超越灵魂的伴侣,我不希望有人将之理解为我不接地气的理想主义。

我有我的固执，并因此选择沉默。

占星姑娘说："不要想那么多，如果一定要思考为什么，告诉自己，这是你命定的星盘，接受它，不要恐惧，一切冥冥中自有旨意。"

事后，朋友们出于好奇，问我询问出了什么。我说不出具体的，事实上占星师也并未告诉我任何具体的东西。到了一定年纪，我们早已在生活中摸索出属于自己的逻辑，有些事情，能不能发生，会不会达成，其实我们自己很清楚。

只是，自那之后，我忽然如释重负，那种疼痛感再未出现过。我方明白，孤独的另外一层意思是"渴望被解读"，哪怕这种解读对于消减孤独本身、烦恼并未产生实际的助益，但单单是被另一个人解读，已足够。

朋友问我有没有去看心理医生的必要，我告诉她有。我明白她不是生病了，也不是出了多么严重的问题，她只是希望毫无负担地被另一个人解读，她需要找个绝对信任的角落歇一歇，舒展一下自己。

哪怕是短短几十分钟，你会因另一个人深深地"理解"和"熟识"你而深受感动，并从中攫取力量，之后又开始一段漫长的灵魂独行。

"不分你我"的深情应该如何维系

前些天有位年轻一些的朋友对我感慨朋友难交，尤其在偌大的城市里，大家平日都很忙，肯花时间、体力、精力、金钱前来赴约的基本都是真爱。其实这倒也很正常。

友谊或情感这种东西，其实是分层次的，有普通的，有亲近一些的，有亲密的。普通的便是比常人多一些熟悉，多一些互动，多那么一点好感；亲近一些的则要经过时间和事件的打磨、累积，更多的是惺惺相惜；而亲密的，则是完全将彼此当作"自己人"。这种友谊并不是完美的，而是彼此都深知对方是位于自己底线之上很多的人，深信当任何情况出现，彼此的反应都不会太让对方失望。人与人之间的信任能达到这一步，其实是很难的。

人与人的交往中，质变会发生在哪一刻很难说清楚。认识一个人越久、陪伴一个人越久不代表感情就越深。很多人以为感情可以通过时间来自动堆砌，这种想法无疑懒惰得很。人的情感的不确定性就在于，它可能会突然走回头路，数年的堆积可能会因为一件事瞬间瓦解。这种瓦解不是大张旗鼓的，毕竟成年人不会因为彼此的不认同就口出恶言、大打出手，但当有一方选择退一步的时候，说明这段感情已不可逆转地在走下坡路了。

普通的朋友我有很多，基本能持续打交道的都能算上。能持续打交道说明至少彼此对对方不反感，以及彼此之间是有些共同话题或者说共同需求的，彼此会给予对方适当的关心、善意以及帮助。维系这类友谊其实就是做到基本的双向利好。

亲近的朋友，我有十位以内。到达亲近这个程度，说明彼此的交集很多，能够分享的事情也很多，因为参与了对方的生活，便会处处体现出彼此的态度，因此这个阶段的感情其实很容易波动。如果大方向上没有冲突，这种友谊可以一直维系下去；一旦在某个关键点上出了问题，便只能中途折损，或者双方维持表面的亲近，其实在内心里都各退了一步，且明白再无法恢复。

而达到"自己人"这种程度的亲密，无疑让人羡慕，当然也是最难的，你得把自己所有的利益得失完全交给对方去统算，交由对方来分配安排。这并非不计较，而是"给的人要心甘情愿，收的人要高度自觉"。否则，这样的关系根本无法成立。

与人交往，我们都不介意"给"，却介意"不平衡"。"不平衡"便会使人生怨，有了怨气便很难再进一步，只会让人越走越远。

所以真正的亲密不是一致对外，而是就剩你我两个人时，哪怕我们立场不同，大家也都不会做让彼此尴尬的事情。

在亲密的关系里，人对人更容易失望，因为有所期待，甚至说有很高的期待，所以维系这样的关系并不是一件容易的事情，需要很多付出和经营。友情和爱情都是如此，如果付出的一方时刻计较，而得到的一方又认为理所应当，这种关系就难以长久，就算勉强维系，也不过是表面的平和。

所以，那些让人羡慕的"不分你我"的感情，其真正的内核恰恰是"分你我"，不越矩，不觉得什么是理所应当，将"双方都满意"排在"自己更喜欢"前面。这里就出现了另一个问题：如果对方更喜欢，但自己不喜欢，怎么办？迁就对方？不，应该直接告诉对方。纵使我们的理智告诫自己要迁就对方，但其实内心很难完全不介意，而放在内心的介意比说出口的拒绝更影响感情。

跟我感慨朋友难交的小姑娘的问题就出在，她其实从一开始就不愿意配合对方，但为了面上看着和谐，又选择了答应。在她看来，是对方不够自觉。但看待这个问题的另一个角度是，是她用掩饰营造了一个假象，事实上她已经对对方很不满了，对方却完全不知道。这样的友谊或爱情又该如何继续？

好的情感不是我无条件地赞同你，支持你，时刻与你保持一致，而是我们彼此保留不赞同的权利，但不会因这份不赞同去抨击和干涉对方。我们相信，一个人自己选择的道路从其自身角度讲是最适合他的，而需要我们做出选择的是，当种种不赞同出现的时候，我们是依然毫不介意，还是默默退场。

不是所有的感情都能顺风顺水地升级，这是我们从一开始就要接受的现实。所以哪里有什么不需要维系和用心经营的感情？当我们想获得一份深厚的、值得信任和托付的感情时，我们必须知道这是一个实现起来很艰难的目标，它并不是一个简简单单的天真愿望。

不做伤痛里的被动者

前段时间我刚经历了一段无疾而终的"恋情",确切些说是还没发生的恋情。两个人接触后互生好感,想再进一步了解对方时,对方表现出明显的抗拒。这种情况我并不是第一次遇到,早年我自己也会强烈地表现出这种抗拒。每个人的成长经历不同,在成长过程或者过去的恋爱经历中都会受到大大小小的伤害,有的人自愈能力很强,有的人则不。于是后者心上的伤便一直裸着,裸成了习惯,对外界异常敏感、排斥、不信任。

这种状况不难理解,可以看看那些大街上流离失所又被人蓄意伤害过的小动物,它们对人没有安全感和信任感,即便遇到的是好心人,它们也会张牙舞爪或者干脆胆小地跑开。我们可以在大街上对这样的小动物保持友好又有距离的关系,你不会因为给它们投了食就要求它们亲近和信任你。但对于我们喜欢的人,却不是这么简单。如果将对方比作你要领养回家的那只小动物,领养回去后它依然发疯一样地抗拒,那你只能放弃。

当时对方说他由于过往原因,所以敏感谨慎,不容易信任他人。我说可以理解,每个人都有权利关上自己的壳,直到觉得足够安全时再打开。对方说不知道自己的壳什么时候可以打开,我说这个可以交给时间,顺其自然。

我以为我这些放在明处的"梳理"能让对方安心一些,但接触中对方还是会应激反应一样十分抗拒,以至我时刻感觉到自己在被攻击。我跟朋友开玩笑说,如果我年轻十岁,大概硬磕也要磕一下,我可以花费时间、精力、心血来陪伴对方。但现在,大家不过都是精力有限、自顾不暇的保命中年人,再每日遭受这种无妄的冲击,真的是太过辛苦。于是我咬一咬牙,摊牌跟对方说我打算放弃。

这里其实涉及一个我一直以来秉承的态度——一个成熟的成年人,应该以什么样的姿态把自己交给别人?完整而健康。

但事实上,大多数人都做不到这一点。你的"过去"伤害了你,你拿"现在"报复回去;你遇到过一个不怎么好的人,因而伤痕累累,现在遇到一个愿意善待你的人你却要发脾气,因为你不信任他人的好意,或者说即便你信任这份好意,也会不停闪躲、试探、挑衅,如此反复。这对于来"接盘"的人,其实是不公平的。那些心怀好意,仍然有爱的能力的人,可能不过是因为他们的过往经历平顺一些,或者说他们内心自愈的能力强一些。但这些,都不足以成为我们向他们疯狂砸枕头丢包袱的理由,因为,每个人都是血肉之躯。

成熟,是体谅他人,从而放过自己;是自己身患重疾去求医,医生已尽力但仍无能为力，我们也要表示感激。要知道没有一个医生希望面对治不好病人的结果，病患的"无药可救"对于医生来说也是一种挫败和伤心，在医生眼里，病患是活生生的人，而不仅仅是病例或数字。但很多时候，如果我们是那个"无药可救"的人，我们可能会第一时间丧失理智，变得怨天尤人，甚至迁怒医生或者自己的家人。

很多人抱有一种心态——我已经受伤害了，我已经够惨了，所以，我不用再对他人宽容，我可以没有底线地去让别人也过得不痛快。除了实实在在的有病痛的病患，在现实生活中，其实很多人都抱有这样的心态。说实话，这样的人，既可怜又危险。

面对这样的人群，我们就该直接绕开吗？

答案是如果你没有足够的自保能力，以及没有足够的治愈对方的能力，那么你的确应该选择走开。这就好比我们看到有人落水，我们当然会动恻隐之心，希望这个人能平安获救；但是，如果你不会水，或者水性不够好，你选择去搭救对方只会连自己也赔掉。在我们的现实生活中，尤其是亲密关系里，有很多这种"搭救关系"，出于情感、道德、责任等原因，一方以为自己可以搭救另一方。但事实是，往往他会被另一方拉坠下去。这种时刻，一个理智却又看似无情的选择就是走开，因为你留下来无济于事，对方需要一个更强大或更专业的人来搭救，而不仅仅是你的一腔热血和一片好心。

再者，一个再专业的心理医生，想要救治一个病患，也需要对方配合。对方必须很清楚自己是来接受救治的，如果对方不接受这一点，再牛的心理医生都没有任何办法，更何况我辈常人？不要高估自己，当你一心想去搭救他人的时候，请先意识到自己也是血肉之躯。

如果你是一个在过往经历里受过伤的人，不管你能自发地做到多少，还是建议要努力自己恢复一下，不要僵持着"受伤者"的姿态。因为那些伤害过你的人并不会为此而内疚，也不会良心发现，恰恰是那些想拥抱你的人才会为此伤心。这就好比当有人真正为你伤心时，你却出手抓花了对方的脸。如果你真的想重新拥有一个良性的开始，请尽量忍住自己想伸出指甲的冲动。

不要做一个完全的被动者，被伤害，又等着被修复。毕竟，你可能没有那么好的运气，不会遇到想要修复你的人，或者出现的人并没有修复你的能力，只能默默地走开。每个人都会受伤害，程度不等，但不管怎样，在途经伤害之后，为了还能拥有那些美好的事物，我们需要努力一点去自愈。

如何在人生的『低处』与自己相见

前几日一个上午,我出门去上班,被相熟的小区保安叫住。小伙子神神秘秘地说:"姐,你知道前几天有人上吊吗?""在哪儿?""就这个天桥。""真的?""真的。"

听到这个消息时,我心里一大半都是怀疑,要知道在2020年北京城的天桥上有人上吊,这事怎么看都觉得诡异。时间、地点、方式……太过决绝。我不知道当事者是为了什么才会做出这样的决定,于是我带着我的怀疑到公司后讲给了同事听。一个男同事对这个消息更是好奇,竟然去搜索了网络图片,真的有搜索到一个偏瘦的中年男人的背影,看样子年纪应该不算很大。

事件被"实锤",于是我的怀疑变成了一点恐惧和牵念。之所以说是牵念,是因为我总忍不住去想:当事者是什么人?他遇到了什么难事？是受了突发的刺激，还是说长期处于较低迷抑郁的状态？抑或身体遭受了重大疾病痛苦？……他为什么做出如此行径？到底因为什么撑不下去？

这件事导致接下来有大概一周的时间我晚上不再出门去散步。但即便在房间里，我仍然会忍不住一直去想这件事。在我家阳台上就可以清清楚楚地看见天桥，直线距离大概不超过五十米。我脑子里有一个念头挥之不去：一栋楼的人或在沉睡或在失眠，但无人知晓同一时刻窗外有人正在自杀，就在这样的春夜里。

从 2019 年到现在，几乎所有人都察觉到生活比之前艰难许多。先是贸易战打得经济紧缩，企业大幅裁员，裁员之后一个人被当三个人使，很多人为了生存不得不忍受"996"甚至"007"。2019 年大家都有一个共同心愿，希望这一年快一点过去，因为在约定俗成的信念里人们祈祷和相信着"未来会变好"。结果是伴随着中国年的来临，疫情暴发，全国进入紧张戒备状态。雪上加霜的状况里，大家变得更加艰难。

台湾的朋友打电话给我，问我是否有受影响，我说没有。但其实我很清楚自己受到了影响，之所以说没有，是因为在这样的时间点上，跟别人的困难比，我觉得自己情绪上的落差实在算不得什么，大概转移一下注意力就过去了，直到下一波低落感再来袭。

按照我年前的计划，顺利的话这一年大概会是这样——年后找机会换新工作，房子 5 月份到期后搬家。因为眼前的工作没长进，隔壁住的几乎未打过照面的邻居更是糟心。

邻居六十多岁，是一个喝了酒会整夜骂街的老男人。从他反反复复的"控诉"中，我基本能总结出他的一生。

他认为自己遭受了丈人家的冷眼和嫌弃，要知道他今年已经六十多岁，这股恶气想必已在他心里积压了几十年。他咒骂他妻子和岳丈家，说他知道大家都盼着他死。

他在夜里三点钟打电话骂电视广告销售客服，骂移动客服，咆哮得近乎疯狂。我们两家之间不是很隔音，某天夜里我终于忍不了敲了敲墙，没想到结果是险些遭到对方近身攻击，我忍到天亮之后报了警。

民警上门，情况并没有改善，我再报警，民警倒很负责，来过三四次，但依然无果。电话里民警说这个人早就在他们那儿"挂名"了，仗着自己年纪大，基本就是个无赖，民警但凡态度硬一些，他就说自己身体不舒服要去医院，以致民警也拿他没办法。民警告诉我说千万别自己去交涉，也别发生冲突，说我一个女同志碰到这么个无赖有什么办法。

那段时间我特别沮丧，因为民警说得对，我没有办法。我恨不得自己是鲁提辖，如果我是，我一定找上门暴揍他一顿，不仅代表我自己，也为被他咒骂骚扰的几十位客服出口气。但我不是鲁提辖，何况现在是法治社会。

我唯一能做的是买一堆耳塞，在自己家里堵上自己的耳朵。说实话，对于这个解决办法，我感到特别沮丧。也有人说，那就搬家啊，这当然也是个办法，但在我看来，这是最差最差的办法。一个人因为没有能力维护自己合理又应得的权益而选择逃跑，在我看来，这真的是最让人沮丧的事情。

然后我在网上写了一段话："生活里扎扎实实的沮丧是你学习了

各种技能,修炼了各种心态,你可以授课、分享、谈判、辩论,但当你遇到一个无赖时,你发现所有这些都毫无用途。你恨自己'原始粗暴'的能力值太低,你埋下头感叹这个现实世界与你的理想世界背道而驰。然后你欺骗自己说,那就爬得更高,或许爬得更高,碰到'垃圾'的概率就降低了。但你知道,你真正向往的不是这些,你向往真正的平等与尊重,自由与宁静,而不是换个角度去构筑更厚的壁垒。"

"构筑更厚的壁垒"一直是我们学习的防御手段,大抵是因为我们对这世间很多角落里的"恶"毫无办法。于是很多人给自己设置了一个理想通道,认为如果自己站得够高,就会与他人在高处相见。

我在沮丧中一直问自己,我抵触的到底是什么?我为什么排斥"在更高处相见"?我虽然知道这是一个好事,并且尚算得上是很有效的办法,直到出了有人自缢这件事情,我才明白我真正渴望和赞同的是"即便我们在人生的低处相见,我们依然可以善待自己和他人"。我们允许那个在低处的自己存在,安慰安慰他说"没关系啊,会过去的,就算暂时过不去也没有关系,好好吃饭,好好睡觉,可能有一天就想开了呢",我们尊重那个在低处的自己,不会因为自己位于低处就咒骂全世界,把所有人拿来泄愤。

相比在高处与他人和自己相见,在低处做到自律自处、自我开解才是更难的。毕竟不是所有人都能爬到高处,绝大多数人仍在这低处的平凡生活里遭受着各自的困难和不如意。

希望不会有人浪费这样的夜晚来整宿咒骂陌生人,更希望不要有人在这样的夜晚选择放弃。哪怕很难挨,我想这世上总还有那么几个人愿意听你倾诉,愿意抱抱你。

疫情下的最后一个工作日

6月的最后一天，我到办公室与女同事交接。一个月前她收到裁员通知，留了一个月交接及找工作的时间，疫情之下，一切艰难，下家自然还没找好。我们一起下楼去买饮料，她说感觉两难，如果现在工作不能续上，把精力用来照顾孩子的话，怕日后重返职场更难。

大环境让人如此难挨，对待女性的不友好已尽显。其他部门也在裁员，同事说是挑男性员工优先留存，人力给的理由无外乎是：女员工娇贵，不能想怎么用就怎么用；女员工不如男员工能扛，还得照顾家人孩子……

同部门被裁的这位女同事，入职不到一年，有两个女儿，大女儿五岁，小女儿三岁。她本身是学植物学的，周末里会带孩子到大小公园教她们认知植物。两个女儿都是她的心头肉，小姑娘喜欢梳小辫子,她便查视频学了多样,偶尔也拿同事们练练手。即便如此,她平日仍然是个会忙到夜里十一点多的人,勤勤恳恳。

如果是在平时,这样的勤勉之人自然是不会被裁员的,但当下情况如此紧张,老板们核算每个员工的性价比,算清之后,手起刀落便再没什么情面可言。连给女同事的一个月赔偿,都是从部门内部扣除的,换句话说就是会分摊到现有的员工身上。于理,自然不合理,但于情,同事被裁,眼下大家虽都艰难,算是同事情义的话倒也能接受。

她离职前几日开始零零碎碎收拾东西,我坐在她旁边,心情复杂。我不知道她的心情如何。能如何呢?无奈、压力、没办法。网络上传播着一个视频,石景山万达广场里被通知核酸检测为阳性的穿黄色裙子的年轻姑娘,面对突如其来的变故,崩溃、号啕、无可奈何……想必在接到通知十分钟前,她还在想着跟朋友聚会、工作、过周末、做晚餐的事情。如果这一幕放在电影中,便是情节的大转折,观众知道"精彩片段"要开始了。但放在现实生活里,它实在不精彩,它真的很糟糕,它关联的是一个人的确诊、恐慌、治疗、心理崩溃、经济损失,以及一系列相关人员的自危。

每个人都怕自己被命运的恶魔之网黏上,但当恶魔主动出击的时候,我们除了迎头招架,也再无其他选择。

没有人可以心怀侥幸,没有人有优势可言。

在特殊时期,体面、快乐、尊严、安全感这些东西可能一碰就破;平日里我们认为自己已经掌控住了的无比真实的东西,在特定时刻或许会即刻失效。这就是命运的玩笑。

但生命尚未终止,生活便还是要继续的。

电影《钢琴家》里钢琴师维拉德斯娄·斯普尔曼(Wladyslaw Szpilman)因为"二战"的到来,开始了颠沛流离、命途多舛的人生,遭遇生死病痛,在恐惧中一路躲藏逃亡。这不仅仅是部影片,还是波兰钢琴家斯普尔曼的真实人生。从战争开始那一刻起,他就失掉了体面的人生、稳定的生活、温饱安全以及自由。他不得不逃亡,他那双原本优雅灵活的手变得粗糙肮脏,他早就没了他的琴以及可以让他安心弹琴的寓所。但是,他没忘记那些音符曲目,他没忘记他的琴,所以他仍然会对着虚空弹奏,那是他活下去、坚持下去的希冀和理由。

当命运突然袭击我们,还抢走了我们的"钢琴"时,希望我们仍会每日演奏那些曲目,不因外物的枯竭而枯竭,不因外界的荒废而荒废。那些曲目如同信念和希望,我们在心底时时演奏,不敢也不能忘却或放弃。在我们的好运回归之前,我们便小心谨慎,蓄势蛰伏。

暗夜前行，你只能点亮自己

这世上所有问题都有答案吗？不是。

这世上所有问题都有理想答案吗？更不是。

所以在问题能解决的情况下，我们才有可能启用解决问题的办法，而在问题无法解决的情况下，我们能劝自己的唯有调整心态。不得不说，这是件很无奈的事情。

前几天跟一位女友约饭，因为疫情关系，我们从年前我生日聚会到这次才又见上面。一晃已过去了大半年，大家都在各自的公司里看似安稳，但中间又都发生了很多变故。

女友带了一个很大的综艺节目。这个项目从发起到执行到总结再到上线，是她一手操办的，出差基本都是几个月连着出；而且为了盯后期，她基本都要忙到凌晨两三点才能离开办公楼。她以为这个项目做完，自己便有了实打实的代表作，可以挂上制片人的头衔，却万万没想到头顶的两个领导一个挂了总制片人，一个挂了制片人。而她自己呢？项目还没完结，最多也就是挂个执行制片——这已经是她能预想到的最好的结果了。项目做得不错，有媒体跟着报道，她的领导要去接受采访，然而临去之前让她把项目细节和其中逻辑讲一遍，也就是说对于她操作的这个项目，她的领导并不是很懂。

更为讽刺的是，原本这两个领导是竞争关系，一直不睦，却因为我这位女友做的项目成功，两人可以拿别人的劳动果实相互送礼，从而开始变得一团和气。女友给我讲这些事时，她说："当时我每天提醒自己的就是，一定要撑住，千万别抑郁了。"她维系着几百人的团队，打点着方方面面的关系，每天忙到半夜凌晨，不断提点自己努力撑，撑不住的时候一个人在角落里抽烟，一个人在角落里哭，其间家中两位祖辈的老人相继去世……

我想说，这就是真实的职场，真实的生活，真实的人生处境。包括我自己这些年在职场上的境遇，归根到底很多时候都是在为他人作嫁衣。辛苦当然辛苦，而且很多时候不值得，会受很多委屈，明明本事是自己的，却被他人巧取豪夺地贪功。但是有什么办法？有时候职场就不是个讲道德讲人品讲对错的地方，甚至不是个讲能力的地方，它讲的是利益共同体。这是我们不愿承认也不愿接受的事情，但事实却如此。

如果是早几年，我大概打死也不会接受这些事，哪怕我知道它们始终存在。但换作现在，我跟自己说，就算不接受，事实也是如此，只好接受。职场上很难有绝对的公平公正，很难有绝对的天道酬勤、多劳多得，尽管我们都不愿意承认，但这是我们无法改变的事实。

女友跟我说，那段时间她怕自己崩掉，一有时间就练毛笔字，一边练一边跟自己说平心静气忍下去，不忍还能怎样呢，向更高层讨说法？如前文所讲，职场不是论公义的地方，它是只讲利益共同体的地方。从利益角度出发，更高层是与她上面的两个领导关联更紧密还是与她关联更紧密？答案显而易见。一气之下拍屁股走人，那前面所有工作全部白干了，况且就算她出去了也无从给他人解释。说这项目是她做的，只是被别人窃取了劳动果实，谁会信呢？

与此同时，她的爱人离职创业，心疼她受这样的委屈，告诉她实在不高兴就辞职别干了。女友跟我说："不干怎么行？他现在创业还不稳定，我这边如果没有收入了，他压力更大，我忍一忍好歹能撑一撑……"从如此要强的姑娘嘴里说出这些话，真的让人心酸，但这不就是大多数人的人生处境吗？

每次做落地活动时，都会有人问我很多问题，我都会尽力去回答，虽然给出的答案未必是最理想的。我一直很怕提问者的心态是"最好你给了我这个答案，我就能解决我所有问题了"。怎么可能呢？很多时候，我们面对的哪里是单一的问题？我们是在面对形形色色的人带给我们的形形色色的问题，甚至有些时候这些问题只会让我们想到那句"他人即地狱"。所以没有一个答案能够完满地解决你的问题，因为你的问题不是死的，而是活的，制造问题的人也是活的，他可能随时会换个花样给你制造出新问题。

所以，在这样的时刻，我真的不知道还能给出什么建议，因为所有建议其实都掩饰不了这人生的不公平。我们面对这些不公平时无力打回去，无处找补回来，只能埋头练字告诉自己忍下去，告诉自己别崩掉。

我们期待命运能恩赏我们一片光明的人生道路，但很多时候，我们不过是只身走进了暗夜。我们祈祷能有一束光照打过来，祈祷我们的呼救能被命运之神听见，毕竟，很多人都是安分守己勤勤恳恳的良善之人。但是，我们的祈祷和呼救并未得到回应。

所以，在这样的黑暗中，你只能点亮自己，勉励自己，让自己不要熄灭，在忍耐中等待天光。除此之外，我再没有更好的建议了。

Chapter
3

别把人生活成人设

你不必那么好

我关注过网上一个话题——出国之后你的视角有哪些改变？其中有一条回复让我触动很大，大概是说：出了国之后发现自己也很美，也很好，也很优秀，也可以被人夸赞……

想起一个与我同龄的朋友曾经对我说："在认识你之前，没人跟我说过这不是我的错，这不是我的问题，不是我需要做什么。所有人都在跟我说你继续加油啊，努力去改变，可是我已经很努力了呀……"

很多人确实已经很努力了，认真工作，努力社交，珍惜机会，小心翼翼地处理人际关系，可结果又怎样呢？还是会遇到合作方的不专业、无理取闹、拖欠尾款，上级的善变、压榨、决策失误……面对这种情况，我们说上一句"你要加油啊，你要努力做得更好"，这样的鼓励既无济于事，又让人心酸。

中国人的品质里，缺乏对他人的肯定和赞美，好像对他人肯定就要挖掉自己一块肉一样。大多数人通常会通过对他人的打压来体现自己的优越，以及表明立场——你不值得我付出。

如果我们称赞对方，却不给对方奖赏，那么问题就出在了我们自己身上；但如果我们挑剔对方，认为是对方做得远远不够，那我们的吝啬和苛刻就会显得理所当然。我们传承下来的这种人际交往心理，不可谓不黑暗。

中国人普遍的成长经历是自小遭受"别人家的孩子"这种打压对比，听见的永远是"你不够好""人家能做到，你为什么做不到"。老一辈的家长觉得这种打压对孩子是种激励，而事实是在这种环境下成长起来的人，除非生命力极度顽强，否则很难建立起良好的自信。这也是为什么我们日常见到的人，条件好一些的自负，条件差一些的自卑，真正自信的人寥寥无几。

有趣的是，今天有很多年轻的家长因为自己在成长过程中遭受了打压荼毒，对自己下一代的教育则走向了另一个极端——你是最棒的，你是最好的。

有一次我去一位朋友家做客，朋友的女儿八岁，大家一起陪她做游戏。因为很少跟小朋友接触，所以我并不了解家长们对待小朋友的套路——永远让孩子赢。结果在我赢了那局游戏后，小姑娘突然号啕大哭，因为这种场面在她过往的经验里从来没有出现过，她本该永远是游戏赢家，永远能赢了所有人。且她哭并不仅仅是因为她输了，而是她认定是她的妈妈帮助我作弊了我才会赢……

从那之后，我就开始观察身边另外一些有孩子的朋友，发现他们对自己孩子的教育也存在这样的问题。而这些孩子在遇到不顺利的事情时，往往会情绪失控，要么愤怒要么沮丧；同时，这样的家长往往在孩子面前也是立起了"万能人设"的——不用担心，没有爸爸妈妈搞不定的事情。

结果大家都看到了，用这种方式培养起来的并不是孩子的自信，而是盲目自信，缺乏对客观现实的更深层的认识和理解。在这种情形下，小孩子会很辛苦，因为他很难理解自己的"失败"；家长则更辛苦，因为他们要时时刻刻撑住自己的万能人设。但成人的世界大家都清楚，没有人是万能的，没有一个家庭是宇宙第一家庭。

在我们的教育中，竞争与攀比占据了过重的比例，以至于我们的潜意识早就认定了，如果一个人不成功，那就是特别失败特别丢脸的事情。而我们对成功的定义又特别狭隘，我们把所有高光打给了所谓的"人中翘楚"，对待身边的平常人又缺乏体谅，彼此轻慢。即便在家庭内部，相互尊重、相互爱戴的家人关系也是占少数的，更多的是彼此抱怨、彼此挑剔，无论是夫妻关系还是亲子关系。

我们要求他人"好"要求得理所应当，甚至有点儿欲壑难填，这种心理最终导致了很多的不平等、打压甚至是剥夺，被要求的一方甚至会想，难道真的是自己的过错？

而他又有什么错呢？做不到一百分算错吗？没有成功算错吗？拒绝算错吗？存异算错吗？少数派算错吗？

显然，以上都不是错。唯一的问题并不是我们做错了什么，而是我们想以自己的好来赢得所有人的肯定。这是不可能的。蔡康永说过，高情商固然重要，但高情商的目的不是讨别人舒服，如果你为了讨别人舒服而让自己不舒服，那么，这并不是高情商，而是最糟糕的事情。

现在大家都被教育得不允许自己身上有缺点，不管是外貌、性格、情商、智商还是其他什么。这不是一个正常的诉求。很多"不够好"其实并不是缺点，而是一个人的特点。真实比完美更重要，只要这个真实是对他人无害的，那么在众人面前就无所谓够不够好。

没有人可以赢得所有人的喜欢和肯定，哪怕你已经小心翼翼和万分努力，你依然阻碍不了他人的狭隘和挑剔。我们只需告诉自己，这不是我们做错了什么。我们不必为了一个"好"字，活得那么辛苦委屈。

你的「自我否定」拆除掉了吗

昨晚跟一位女友吃饭，聊到她把原本打算交往的男士删除了好友，我问为什么，她想了半天，说："也没有具体的原因，只是觉得对方不大热情、不大上心，应该是不喜欢我吧。再说，如果喜欢我，他应该把我加回来，对不对？"

这是很多女性在处理尚不明确的两性关系时都会有的"骚操作"，之所以说是"骚操作"，是因为它实在不是个好做法。女性往往会在动心之后，生怕自己是一厢情愿。因而在接触初期，她们往往很难与对方进行深入的沟通，觉得自己既没有向对方表明心迹的必要，也没有要求对方阐明心迹的权利，一切都是凭感觉。这实在很折磨人。

但不可避免的，这是在感情不断加深的过程中必然会出现的阶段，也就是说，在两性关系中我们总是希望我们能与对方势均力敌。

我有三分喜欢对方的时候，最好对方也刚好三分喜欢我，当然如果对方喜欢我更多，我是不介意的；但如果我有七分喜欢对方，却不知道对方是七分喜欢我还是三分喜欢我，那我就会变得慌张焦躁，毕竟，动了真感情，谁都怕伤心。

如何避免伤心呢？既然对方没有表态，那我们就进行自我催眠，跟自己说对方一定不喜欢自己，这样便能让自己对对方的感情降温，甚至选择走开。比如我前面提到的这位女友，不得不说，她的做法其实是源于自己对自己的恼羞成怒。恼怒自己先动了心，管控不了自己的感情，恼怒自己更喜欢对方，以及对方没有及时给到自己想要的回馈。

这种心态很孩子气，却是每个人都难逃的劫。在我的观察中，女性往往更习惯如此操作，这是因为在女性的传统观念中，男性就该是主动的一方，如果男性不够主动，那么就是男性不喜欢自己。而女性一旦采取了主动，则总会担心自身显得"廉价"（有时这也是来自男性的偏见）。不得不说，我们这种对两性的分开教化，其实给男性和女性都带来了很大的困扰。

我的男性朋友中有性格自信、外向乐观的，也有性格内敛一些的。我问他们如果你喜欢一位女性，在不明对方心意的情况下，你会不会为了避免陷入一厢情愿受伤害而给自己催眠说"对方并不喜欢我"？他们给我的答案是，会。

可见男性并不像我们想的那么强大，也并不是所有的男性在喜欢一个人时都会表现得主动。他们可能跟女性一样，也怕受到伤害，也怕一厢情愿，也会对自己进行自我否定。那么，如果男女两个人其实对彼此都有好感，却又都开启了自我否定，结果会怎样？结果是他们会错过。

当一个人开启自我否定时,我们要清楚一点,他最原始的动机并不是"不想要",而是"怕被拒绝"。所以,一个人越是在意一件事或一个人,往往他越有可能不自觉地开启自我否定,把害怕被拒绝表述成"我不要了"。

多年以前,我的一位年长的朋友,为了让我明白当时我身上也存在这样的问题,给我讲了一个小故事。她说:有一个人在做家务,需要用到斧头,但是他家中没有,他需要向邻居去借。在他去邻居家的过程中,他想起之前他和邻居闹过一些不愉快,已经有段时间没有说话了,并且想到了他们之间的种种矛盾。于是当他走到邻居家时,邻居问他有什么事,他的回答是:"你和你的斧头一起见鬼去吧!"

听完这个故事,我们可能想说这个借斧头的人好无厘头,但事实上,很多情况下我们的心理曲线和他是一样的。我们的诉求是借斧头,但我们怕被拒绝,因怕被拒绝而生出愤怒,最后爆发出来的是愤怒,而不是我们的原始诉求。

这种现象在现实里比比皆是。比如一个人想涨薪,想升职,他往往不会去正面提出要求和争取,认为反正提了也不会涨,提了也没用,于是诉求积压在心里,演变成他对公司的怨气和排斥,最后干脆不提了。伴侣关系也是如此,你希望对方做到一件事,但担心对方不能接受,不能好好沟通,于是你跟自己说,算了,不说了,反正说了对方也做不到。

而在尚未明确的关系中,这种自我否定则更为常见。我们会发现,在那些笃定的关系里,好似大家交往沟通都很顺利,归根到底是因为不会有"自我否定"这种东西跑出来作祟。当一个人有诉求时，无论对方是否能满足，他都会自然地提出来；即便对方无法满足，他也能够接受这个结果，并不影响两个人的关系。在这种情况下，我们因为对一段关系有信心，不会不自觉地开启"自我否定"；恰恰是我们没有把握，不自信时，"自我否定"才会跳出来。而它跳出来之后，并不会真正起到保护我们的作用。它只是看似保护了我们的自尊，让我们不至于真的被对方拒绝而"丢脸"，但其实这并不是一种积极的作用。这种保护没有让我们进一步，而是让我们退了一步，连带着把门也锁上了。

至于假如我们表达出了我们的真实诉求，而后又被拒绝，会怎样？真的会很受伤害吗？

"您好，我想借您的斧头用一下，用完给您送回来，可以吗？"
"不可以，我不想借给你。"
"哦，好的，这是您的权利。那打扰了，还是很感谢。"

"我其实很喜欢你，但我不知道你对我感觉如何，你可以告诉我吗？"
"我也喜欢你。"
皆大欢喜。
"不好意思，我对你没什么感觉。"
"哦，好的，我知道了，这是您的权利，还是很感谢。"
……

你看，我们有受到很大的伤害吗？并没有啊！

请拒绝他人任何形式的『定价』

前段时间有位朋友从国外回来，我们两人约着见了一面，聊起一些话题。对方知道我长期致力于讨论如何提升女性价值这类话题，就问了我一个问题："乔迦，你如何看待自己的价值呢？"

说实话，我讲了很久的女性价值或者说个人价值，但仔仔细细来看这个问题，我倒没有认真想过。刚好前脚推了一家公司的录取通知，我便说："我好像不能直接明确地回答你这个问题，但我可以讲个小事。我刚推掉一家公司的 offer，平台比现在好，薪资大概是现在的 1.5 倍。我原本打算去的，但我知道对方公司工作强度很大，可能大到没有个人生活的空间。我答应对方的时候手头在忙着一个大的活动，等到我都忙完了晚上回到家，一个人坐在沙发上冷静了一下，才想，如果忙到没有个人生活的空间，那不是我，即便升职加薪，那也不是我。我不认为对方给我升职加薪就提升了我的价值，我的价值在我自身，而不是要拿出去兑换外界的评价和肯定的。对我来说，平衡的生活比升职加薪更重要。"

对方听完说："很明显，你是有自己明确的答案的。"

这也正是我一直反对众多平台实施"996工作制"的原因。听上去平台很好，看上去工资涨了一些，但仔细想想，你的单位时间劳动价值其实根本没有增加，甚至更低，增加的不过是出卖劳动力的时间。在我看来，这不叫涨薪，不叫价值增长，这叫作"不尊重"。

我去 BAT（百度、阿里巴巴、腾讯）公司面试过，当我询问对方工作强度如何的时候，对方神态骄傲，虽然没有说得很直白，但言下之意是"在我们这样的平台，加班难道不是你的荣幸吗？"我只能感慨大家被洗脑得厉害。因工作关系，我跟 BAT 这类公司打交道已多年，能明显感觉到，在这些平台工作的很多年轻人态度高傲，觉得自己了不得得很，他们忘记了公司的平台价值和他们的个人价值根本没有必然联系。你觉得你对于一个公司很重要吗？你觉得自己工作能力很强吗？如果不是肤浅，谁会因为自己是一条大船上的一颗螺丝钉而感到傲慢呢？

我们不妨做个算术题，假如你的薪资是 2 万，你觉得自己能力很强；那如果将你负责的工作内容拆分给两个薪资 1.5 万的人呢，他们能不能做得更多？交给一个薪资 3 万的人呢，他能不能做得更好？这样拆分后，你会发现，你根本不是真的强，而是恰好性价比最合适。这说明什么？说明你的老板很精明。那你又有什么好骄傲的？

我跟朋友开玩笑说目前我们的价值观已经狭隘到只剩个人名下

的房产了,一个人房子越大越成功,房子越多越令人羡慕,这真是件令人尴尬的事情。除了赚多少钱,我们其实还有另一个问题需要面对,就是你如何赚钱。

很多职业门槛很高,但并非高薪职业;很多行当门槛很低,却非常暴利。如果我们只以最终收入论英雄,其结果今天我们就已经看到了——许多小孩子最向往的行当是做明星当网红。

一个好的环境是给不同的人各自的体面,而不是只给富贵者体面。这世上不是只有一种价值叫作"有钱人的成功"。

下午刚好有一位朋友跟我吐槽他们公司的人力,招聘时老看面试者好不好看,以及从人家的穿着打量对方是不是有钱。朋友说有个姑娘上午来面试,前脚刚离开,人力就从头到脚把姑娘身上的牌子数了一遍,并折算出大概多少钱……很明显,在现实中,这种人大把存在,他们会时时刻刻给他人"标价"。"标价"的方式花样百出:你的房子多大,在三环还是在五环;你的车什么牌子,是十万还是一百万;你的包多贵,是两百还是两万;你的鞋多贵,是五百还是五千;你的年薪多少,是十万还是百万……对于以上种种,我只想说,人生除了收入,还有一种东西,叫作"收获",它远比收入更丰富、更具有层次。人之所以为人,立身之本正是这种"收获",而不是一身几万块的行头。

如果你确定了自身的价值,你就会清楚,无论你穿华服还是素衣,都不影响你的价值。它不是外在的东西,不是拿来兑换的东西,不是要受外界称赞的东西,甚至不是要对他人证明的东西。它是你对自己人生选择的一种终极认同。

别把人生活成人设

流量数据时代，一个人一夜之间红了或黑了通常就靠一个话题而已，而这个话题基本都跟"人设"有关。红了便是"人设"立住了，黑了便是"人设"塌了。台湾某男明星多年来一直维持着好好先生、专情男友的形象，没想到前不久一下暴露出同时劈腿好多女性，一时间成了全网嘲讽的对象。这是在明处被扯下"好好先生"面具的人，然而还有很多人依然顶着面具，只是暂时未被拆穿而已。

我的本职是做内容策划，所以每次做形象设定时，我都会给对方安排一个"人设"，但这只是为了提升作品效果。而在现实里，"人设"这种东西其实是很靠不住的。因为人心太过复杂，善恶只在一念间，善与恶、是与非、忠贞与背叛其实是同时存在于一个人心中的，只是看在当时当下，这个人选择了启动哪一面。

打造"人设",是为了吸引众人的目光和获取好感,从而进行目的转化,但"人设"并不是真实的。好比超靓的美妆博主一样会早起蹲厕所,你看到的只是她在镜头前美美的样子,你没有看到她蹲厕所的样子。

很多为自己打造"人设"的红人,最后自己先撑不住了,因为撑下去太难。它是一项工作,而且是高负荷工作,所以我们会看到很多网红博主最后在直播里哭诉,说自己工作太辛苦,说维持"人设"太难了。

维持"人设"之所以难,是因为它对真实有种严重的失衡和扭曲。比如那些做吃播的主播,可能他们确实比平常人能吃些,但当他必须为了工作每天反复不停吃的时候,那吃基本不会再是一件令他享受的事。确实有人因此累积了粉丝和关注,实现了变现的收入,但是原本让他感到快乐的这件事本身,已经成了他的负担。

如果不是有直接的商业目的,建议普通人真的不要给自己立什么"人设"。可能立"人设"表面看上去是件好事,比如你给自己贴个"励志"的标签,你可能会更上进,你给自己贴个"时尚"的标签,你可能会变美变时髦。但即便能带来这些良性的转变,它依然只是你生活中的一部分而不是全部,你的"人设"也只是你的一部分而不是全部。一旦你误以为这就是全部时,你就会丢失那个真实的自己。同样,一旦有人开始通过你的"人设"给你贴标签,就意味着你丧失了其他表达的权利。

我们给他人贴标签的行为是为了更方便更省时,归类分辨,快速了解。但在我看来,仔细一想,这里其实存在很大的问题。每个人作为个体,细腻之处千差万别,又怎么能是区区一个"人设"和几个标签就能全面概括的呢?

之前,女演员刘敏涛给人的印象是专业能力过硬、气质端庄,直到她表演了《红色高跟鞋》,大家才看到她如此恣意的一面。杨迪对她有一个评价,说其实私下里刘敏涛就像一个谐星。如此接地气、出手便是段子的明星还有王菲,但对于现实生活里并未跟她本人有亲密接触的歌迷来说,她则永远是冰冰冷冷又有个性的"天后"。

所以,"人设"其实是我们主观上给他人贴上的标签,当然,也有可能是当事者自己给自己贴的标签。

与立"人设"相对的,平时更能引起人们热议的是某某的"人设"塌了。其实很多时候未必是"人设"塌了,而是这个"人设"本身就是伪装出来的,只是之前大家不知道真相,现在知道了。所以那些通过搞"人设"来为自己谋利的公众人物,往往在"人设"崩塌时是摔得最惨的,因为大众觉得被他欺骗了。这也正是为什么一些原本不相干的网友因为一个"人设"塌了而感到无比愤怒。

立"人设"确实在某些时刻会给自己带来正向的引导,但这更像是一个目的,而不是全部。很多人搞不清楚这一点,把"人设"无限放大,放大到让它占据了整个人生,这便是本末倒置。

"人设"就算再好,不过是几个正面的形容词,而人生是何其丰盈充沛的过程,又怎么会是几个形容词就能全部解释的呢?"人设"这种东西,只适用于在一个较大的范围内,在与人没有深交的情况下,拿来介绍彼此,就像介绍一个人的职业身份一样,并无什么特别。而在亲近的关系中,"人设"其实是最用不着的东西,因为亲近的关系正是由接纳彼此真实的全貌而生,比起"人设",真实的一面才是你的闪光点。

面对人生的真实,我们与其苦心思索如何给自己打造成功的"人设",不如问问自己能不能做到知行合一。真实、坦然本身就是一种开阔。

借口越多，给自己设置的出口越窄

人从来都习惯拿溢美之词来为自己开脱。比如婚外情这种事，发生在别人身上是老鼠过街人人喊打，发生在我们自己身上，我们则会扯出一堆理由，比如碰到真爱，比如自己婚姻多么不如意、伴侣多么不理想，十足十把自己描述成一个受害者。

很多人都有这种潜在的习惯，把自己描述成受害者。好似"受害者"这三个字就是最好的开脱，能给自己免去一切责任。

但事实真的如此吗？

在职场多年，我观察过很多人，得出一个大体的结论——越是那些能力不够的人，越爱给自己找理由。他们在面对问题时第一反应是"这不是我的错""这不是我的责任""我也是受害者""我能怎么办呢？""某某应该对这个事情负责"……在职场上，大家都是在相互协作，一件事情出了状况，往往是连锁反应，很难界定完全是哪个人的原因。这里面当然有人是被牵连的，不是第一责任人。但不是第一责任人是不是就代表着他没有责任？显然不是。

当出现问题时，我们的第一反应应该是什么？应该是如何有效解决问题。而在这个时候，如果一个人的第一反应是极力为自己开脱，企图把自己择出去，在团队中，无论他是领导还是员工，这都是让人很反感的。我们要知道，或许在这个过程中他的确有委屈，但团队的负责人不是幼儿园的老师，不是来让大家排排坐分对错的，他们要的是结果，是问题被有效地解决。

这也是为什么有些人在我们看上去可能私德不够好，但依然受重用。领导或许也知道这个人的私德不够好，但他们对他的诉求不是要他做模范标兵，而是要他的能力、他的效率、他给出的结果。看到很多情况下大家因为一个人私德不够好却受到重用而愤愤不平，我想说这其实是两回事。

大多数人会无意识地拿"好人"来标榜自己，因为我是好人，所以都是别人的问题，因为我是好人，所以我是受害者……日常生活不是法庭，没有人听你申诉以判公正，我们拿着"好人卡"，除了占据所谓的道德制高点，没有其他任何作用。与其如此，不如从这个虚无的制高点上下来，不要怕犯错，不要怕担责任，不要怕做第一责任人去解决问题。唯有如此，你才会有更多的机会学习成长、磨炼自己，否则，那些不好的事情你躲过去，好的事情也轮不到你，你永远只能是个职场"小透明"。

习惯给自己找理由、找借口的人，往往做事情的出发点是"我"，因为以"我"为中心，你会发现所有事情的走向好像都不符合期待。为什么客户为难我，明明我已经在努力沟通了？为什么领导为难我，明明我已经加班加点了？为什么老板为难我，我的提案是众多提案中看上去最好的了？……你是在努力沟通，但你其实一直在讲述"我要如何如何"。客户来找你合作，是为了他的利益，是为了你能满足他，是他要如何如何；你虽然加班加点，但其实并没有在关键时刻解决关键问题，你自己的工作优先排序与团队的需要不一致时，你虽然在加班加点，还是有可能拖了团队后腿；你的提案看上去不错，但是你没有考虑到其中的投入产出比问题，你老板的诉求可能是尽量压缩投入甚至不投入，所以你给他一个看上去很好的方案依然会被驳回……

诸如此类，你给自己找了很多理由，但偏偏没有搞清楚，当你扮演这个职场角色时，周围的人想从你这里要的是什么。你在一味强调"我是谁""我做了什么"，但事实上，这些对于对方来说，并不是重点，对方在意的是"你能为我做什么？能做到什么程度？"

各公司裁员虽然是件糟糕的事情，但的确，往往第一拨儿被裁掉的都是能力较差的人。这类人通常也是在日常生活中一旦出现问题没有能力独立解决的人，而且他们抓不住问题的重点，他们完全没有意识到自己在一个团队中应该扮演什么角色。

我们常说"巨婴思维"。我不大喜欢"巨婴"这个词，觉得这个措辞色彩过重、过于负面。但确实很多人在为人处世时依然停留在以自我为中心的原始阶段，反而将自己推向了他人的对立面，使原本比较容易处理的事情变得复杂。

自我意识是个需要审视的东西,它并不是说我们应该我行我素、一切以自己为中心,而是在不同的环境下我们应该找到适合自己的坐标,在这个坐标上展现自己。如果一个人所理解的自我是过分强调"我是谁""我要什么",除非他已经掌握强大的资源来支撑他如此违反常理的行事,否则,他会举步维艰。

不要习惯给自己找理由,不要习惯给自己开脱,当你选择面对的时候,你才会有不断学习的空间。而从长远的角度看,无疑后者才是更好、更安全的选择。

成年人要尊重他人默默删除的『礼仪』

曾经一起工作过的某位老师过生日,我发问候过去,发现已被对方删除了好友。我与他公司里的人一直有联系,于是提了一嘴,对方安慰,我说不用安慰我,因为我完全理解,也并不在意。这是实话。对方删除了我,只是因为我对对方来说不是很重要的人,而我如果尊重对方,便会一直尊重下去,这并不影响什么。

身边友人也常遇到这种事,常听朋友感慨忽然就被谁谁谁删除了,感慨"人走茶凉",觉得人情浅薄。但我不认为如此,相反,我认为这才是一个合理的状态。很多时候我们手机里保存着那么多我们根本记不起来谁是谁的人的联系方式,只是因为我们不想去做那个拉黑或删除对方的"恶人",怕对方一旦发现后非议自己。而事实上,我们非常清楚有些人可能是此后再无交集的陌生人。

这些此后再无交集的陌生人里，有一些是我们曾经共事过的，甚至是相处得还算不错的，但随着大家联系的密度越来越低，彼此其实早已淡出，变得毫无交集。紧密的关系要靠高能量高密度的联系来维系，是很花费心力的事情，因此我们能紧密联系的人只有那么几个。更多时候，我们得承认，于对方来讲，于我们自身来讲，其实大家都是"可有可无"的人，那么，我们发现自己已被对方默默删除时，其实完全没有必要失落或愤慨。

我也见过一些人在发现自己被删除后恼羞成怒，好似被对方羞辱了。他们跑来找我倾诉的时候，我往往会告诉他们，人与人之间的连接大概分三种——情感的、精神的、利益的。我会问他们属于哪一种。事实上，他们基本哪一种都不属于，或者说无论归于哪一种也都是过去式了，已经是很远的曾经。

既然如此，在接下来的时间里，他们其实并不需要彼此，那么被删除、被割离又有什么影响呢？我的一位朋友有一个说法："往往人自尊心越强，自信心却越弱。"在大多数情况下，这个说法是普遍适用的。我们总在强调自尊，却忽略了自尊正是来源于自信。内里具备真正的自信，我们才能保持很低的姿态，依然平和豁达，这便是真正的自尊。但在现实里，我们往往把自尊理解成了别人怎么看待自己，自己在他人眼里是否重要，如果没那么重要或者不被重视，我们就会觉得被冒犯，从而恼羞成怒。这是很不成熟的心态。

年纪长的人与年轻人之间最大的心理区别大概就是，前者不断练习着失去和放下，直到能泰然处之；而你很难去让一个年轻人练习放下，他们会问你为什么要放下。这一点无可厚非。毕竟，年轻人有很多力气，总是要挥霍的，哪怕没有结果，哪怕结果在预计之中。

而他们正是因为这些执着才显得可爱。

但年长之后,大家变得忙碌起来,面对自己的生活已左支右绌,很难招架,如果这个时候还要去较真"为什么要放下",那实在是很辛苦。更何况,与其说是"放下",不如换另外一个说法,叫作"选择"。我们选择将不那么重要的人和事往后摆一摆,甚至选择让他们完全出局,这其实是一种自我维护。也就是说,当你对某些事某些人实在不感兴趣的时候,你要有勇气来充当这个先喊停先放手的"恶人",而不是任凭自己被本不重要的层层包裹拖累。

几年前我准备与一个合作方合作,看了对方的提案后,我拒绝了对方。对方很暴躁,质问我有没有走心去看,质问我他给了那么多提案难道就没有可以合作的吗,质问我是不是瞧不起他。这些质问显然非常幼稚,我与对方无冤无仇,谈不上所谓的刻意打压或额外照顾,我只是用我的工作标准来评估是否可以与他合作而已。对我来说,这是客观操作,但很显然,对对方来讲,他觉得被冒犯了。

这样的合作方我遇到过很多次,在我感慨真的很难缠的同时,我感受更多的是拥有健康心态的人太少了,拥有真正自信和宁静内心的人太少了,不管他们看上去是否成功,不管他们处在什么位置。健康的心态跟地位和职级都没有关系,而是来自一个人内心的稳定和豁然。我觉得我们与其整日里倡导大家去当一个成功者,还不如提倡大家拥有健康的心态。

还有一种情况就是,对方对你很重要,但你对对方不重要,于是你被对方删除了好友。这种情况可能更让人憋闷。每个人都希望付出与收获成正比,甚至暗暗祈祷收到的要比付出的多才好。比如我有七分在意一个人,那最好对方能有九分在意我。而更多时候事实是,我们确实有七分在意一个人,但对方可能只有两三分在意我们,或者说毫不在意。在这种不对等的情况下,我们是否能说服自己不去执着?以前我会认为我们该学习的是与他人之间的平衡相处,近几年我发现,其实很多关系或许根本就是不平衡的,我们更该学习的是在不平衡的相处中平衡自己,让自己能较为愉快地容身。

你看,成长确实不是个好事情,我们会一直被现实反复调教。

回到前文说的删除我的那位老师,我对他来讲并不重要,也无所谓日后的交集。但对我来讲,在我年轻时他曾经在某些时刻点亮了我,所以他对我来说很重要。这种重要不是指我要跟他缔结关系,而是指我单方面对他的感激和尊重。所以,哪怕我们日后再无交集,我对他的感激和尊重也一如既往,并不会因为我被他删除了好友而受影响。我从心里认为,这样的关系,也是很好的。

请不要再拿『穷』这个理由为自己遮羞

我发现一个有趣的现象,很多男性在分析自己过去的恋情失败的原因时,往往会统一口径——因为当时穷。言下之意,他们是因为穷才没能留住爱情,因此可证恋爱对象是个爱慕虚荣的势利女生。这种解释真是屡试不爽,让我们给这些因为"穷"被分手的男性打上了"正直"和"值得同情"的标签。

可是,这难道不是一句谎言吗?

据我们日常生活里的观察,固然有极少数女生谈恋爱是抱着"傍有钱人"的心态去的,但绝大多数女生依然是以"真心喜欢"为出发点择偶的。难道她认识你的时候不知道你是个穷小子?难道她跟你交往的每一天不知道你是个穷小子?难道你付不起房租、买不起礼物的时候,她不知道你是个穷小子?难道是直到你们交往一年半载甚至三五七年了，忽然有一天她才性情大变，恍然大悟说"你这么穷，我们还是分手吧"？

你看，其中逻辑根本就不通。如果这个女生爱慕虚荣，一开始她就根本不会选择你，不会跟你谈恋爱。她早知道你一穷二白，但她还是选择了你，她也没有要求你一定要送表送包送车，你送她一束花一块蛋糕，她就已经很高兴了，不是吗？

至少，我看到的日常里的恋情都是这种普通的样子，没有那么多"女人嫌我穷，找个有钱人走了"的狗血桥段。

那当初明明爱着你，不嫌你穷的姑娘，为什么后来走了呢？

因为她们在这段恋情里，完全看不到未来。

这里的未来不是指你甩一纸结婚证书给她，也不是指你甩一份房本给她，而是指你对于未来明确的规划以及你为此付出的自律。她在你这儿看到的是你依然把自己的人生过得一团糟，每日得过且过，逃避成长，逃避责任，没有态度，没有成年人的担当。你恨不得二十四小时刷网打游戏，你所谓的荣耀都在跟一群狐朋狗友喝酒吹牛上，试问，一个这样的人，值得有人为他留下吗？

女性对情感、对世界，尤其是精神世界的认知，是普遍早于男性的，所以年轻男女相遇的时候，从心理上看往往女性会更成熟。那时候的男性大多还是半吊子，而女性则出于天性，已经开始准备未来，这就是我们常听女性提起的所谓安全感。一个女孩子想与你一起构建安全感，说明在她未来的人生计划里是有你的。而大部分同龄的男性，此刻又在做什么呢？对生活一片茫然，对自己毫无规划，不仅谈不上有什么建树，单从自律和自我修养上讲，就差得一塌糊涂。

他们一边嚷嚷着身为"男子汉"的自负傲慢,一边又展现不出一点成熟有规划、让人有信赖感的地方,除了反反复复说"我爱你"和"对不起",实在看不到他们还有什么长进。

或许这么说有些冤枉男性,他们还是有优点的。但一直以来男性的成长氛围与女性完全不同,所以他们根本不了解女性,他们的长辈也没有很好地教育他们尊重女性,甚至在很多人看来,女性就是拿来"欢爱"的。他们一边想留住自己喜欢的女孩子,一边却连跟别人好好沟通,更好地表达自我、表达情感,妥善地缓解冲突、解决问题都不会。

当然,这并非全部都是男性的过错,人在年轻时往往缺乏处理问题及矛盾的技巧,男性与女性皆是如此。但虽然女性的表现未必就是好的,至少大多女性足够真诚,她们选择开始或结束一段恋情都是因为她们看到了"真相",她们懂得面对一个对象时,何时该出手,何时该放手。所以我们常说,一个女人一旦下了决心,就再难改变,因为她们看到的始终是真相,并且已经深思熟虑,为此做了选择。

而男性呢?他们离"真相"十万八千里。以上种种在他们看来皆不是问题,甚至他们还认为这是对他们"男子汉"的轻蔑和羞辱。他们不会承认女生离开自己是因为他们在以上方面做得太差,不管是过了一年、十年还是二十年,回忆起来时,他们只会悲愤交加地给自己找一个理由:因为自己当时穷。这理由真是冠冕堂皇,它甚至解救了一批又一批、一代又一代的男性,让他们不觉得女人离开他们是因为他们既无担当又无个人修养,而是把这一切归咎于女性的浅薄,归咎于女性不能与他们同甘共苦,共赴未来。

中国大部分男性在对待两性问题时,既缺乏严肃端正的态度,又缺乏教养,这才是引发两性矛盾真正的原因。但一代又一代的男性却依然对此不屑一顾。尤其在电影、电视剧里,他们反复塑造着"一个正直善良上进却一穷二白的男青年"和"一个贪慕虚荣嫌贫爱富的女青年"的组合,这是极度严重的扭曲,更是对女性的污名化。而这一切的操作,不过是为了让男性能够心安理得,以证自己毫无破绽、毫无问题,只怪女性太过势利。数年之后一朝得势,他们还要狠狠讽刺当初离开自己的女人,嘲笑她们目光短浅,毫无眼光。

不知道某些男士什么时候能够心智成熟、胸襟坦荡一些?

让直面冲突唤醒你的"逆反"思维

疫情下,对于公司来讲,降低成本的第一考量便是裁员。但裁员不代表停掉业务线,而是原本十个人做的事情现在交给三个人做,原本三个人做的事情现在交给一个人做,因此大家不仅没有减压,反而从日常状态变成了"高压"状态。在这种状态下,人是很容易崩溃的。

前段时间公司其他团队里有个男同事患了轻度抑郁。男同事平时幽默爱开玩笑,性格好,与其他人相处也都很融洽,大家怎么也没想到他会轻度抑郁。细问下才知道,他们团队从疫情期开始,基本天天忙到半夜十一二点;上面领导要求他们随叫随到,团队人手本就不多,其他几位是女同事,所以不分场合随时被 call 这种事就百分百落在了这位男同事身上。

试想一下，在这种高压、紧迫，随时要超负荷处理大量任务，且根本无暇喘息的情况下，人不崩溃才怪。换作是我，可能一个星期都撑不到，而这位男同事其实已经做得不错了，生生扛了两个月。

好在他只是轻度抑郁，医生开了两周假条，他休息调整了一下。事后我问他，感觉状态不对，为什么不早点拒绝呢？他说："我是不喜欢这种工作方式和强度，但是也不好意思拒绝……"

"不好意思拒绝"以及"不会拒绝"，便是很多问题的症结所在了，很多人正是因为这两点，会把自己逼向死角。

我们的教育一向倡导"以和为贵"，让我们尽量不与他人发生冲突，这导致了即便很多情况下我们的真实想法其实与别人的不同，但为了"面上好看"，我们便将它咽下去，选择沉默不表露。

我们在表达与应对不同意见时，表现往往都很差。你提出了自己的想法，然后遭到的反驳是"多从自己身上找原因"。这里的原因包括你为什么和其他人不一样，别人都能同意为什么你不能，别人都能接受为什么你不能。无所谓真相与是非曲直，无论什么问题，最后都演变成了"别发生冲突""别找麻烦"，于是，人们选择沉默，甚至慢慢习惯了接受。

这种处理不同意见的方式，太过武断。仔细想想，通过沉默或被动接受来解决问题，最后的结果往往是"不在沉默中爆发，就在沉默中灭亡"。

我接触过一些案例，当事者都是平日里性格很好的人，总是在避免与他人发生冲突，非常在意别人对自己的评价和看法。他们往往不愿在人前表露出自己是个"较真的人"，他们觉得这样会显得自己姿态有亏，可能会被他人评价"龟毛""小气"甚至是"好战分子"。

可见大家对持有不同意见、不同反馈的人的打压有多严重，明明对方只是在提出问题，却被伪成"为什么就你有问题，别人都没有问题？"将概念偷换成"提出问题的人有问题"，这是我们面对问题的惯用方式。找个感性点儿的说法是，别太较真儿，谁认真谁就输了；找个理性一点儿的说法则是，你为什么没有团体意识，为什么不能和别人整齐划一。这种指责真的是咄咄逼人，甚至是在颠倒是非。

首先，我们要学会提出和面对不同意见。拥有不同意见难道不是很正常的吗？我们为什么一定要统一意见？大家在讨论中可以达成一个基本的共识，这个共识并不代表绝对正确，只是因为实际推进的需要才必须有一个"共识"。但大家在执行"共识"的同时，仍然保有拥有个人不同意见的权利，而不是说被多数人执行的就是对的，其他的就是错的。

一直以来我们被教化的是不要发表不同意见，否则就会被定义成"不合群""出头鸟"，就会遭遇那些团体中说 yes 的人的怀疑甚至是恶意攻击，会被妄议人品，会被猜测动机。但即便如此，我始终认为一个人保有说 no 的品质是种财富。它可能会短时间内让你遭受一些打压，但从整个人生轴线来看，能够说 no，你才会赢得属于自己的人生和自由，而不是活成他人想让你成为的样子。

所以，在这种情况下，或许大家需要"叛逆"一点，不要把说 no 看成是多艰难多了不得的事，其实它就像你拒绝吃洋葱一样轻松。

你要习惯说no，当然，是经过你的认真思考之后说no，而不是为了说no而说no。长久下去说no的能力会形成你的一个保护圈，你因为说no而为自己争取到的舒适区要比那些只会说yes的人大得多。但与此同时，你也要告诉自己，当你选择了说no，就不要去在意别人的反应与评价甚至是攻击。

那些选择了接受的人，往往需要完全放弃自己的主观意愿。但这是很难的，人毕竟是有自己独立思维的物种，怎么可能完全放弃和忽视主观意愿？正因为难做到，那个不同的声音或者说反抗的声音其实会一直存在，你只能选择一遍遍把它打压下去，直到有一天完全控制不住，让它爆发出来。

相比被打压到如此决绝地爆发，我们更应该从一开始就建筑好壁垒来保护自己。这里的壁垒是指保有不同意见，输出不同意见，保留一些真实的棱角，给出一些真实的反馈，以及留有谈判和反弹的余地，而不是一味退让，直到被逼到死角，只能彻底爆发或彻底放弃挣扎。

我们当然提倡团体要尊重个体的声音，强势一方要尊重弱势一方的声音，但这是理想状态，实际情况可能是企业家不会因为自己的公司里有员工压力大、病了而内疚，他们只会认为是这些员工心理承受能力太差、工作能力不佳。因此，你看，"彼此善待"这种关系在大多数情况下只是一个理想状态，我们虽然一直在试图唤醒他人的自觉，其实又并不该寄希望于他人的自觉。

生活的常态是，你要学会在"不自觉"的环境中、"不自觉"的人群中保护好自己。当然，你也有权利选择沉默地待在这样的环境和人群里，但我并不建议你这样做。

好好生活，别怕错过

每天几乎从早上开始，我就会被各种垃圾营销推送骚扰，"你又错过了××条信息/动态"，诸如此类，非常让人反感。我不仅仅是反感这种骚扰推送，对于这种描述，也非常抵触。

前几日有一位女友感慨，说她每天都处于焦虑中，只有每天都学习一点东西才让她觉得这一天没有白过，否则她便不安得很。我们说学习上进是好事，但这种学习，显然是一种被营销后的焦虑恐慌，而这类焦虑营销，则是我们每天都要面对的事情。

一个姑娘在某新媒体公司上班，一组十多个编辑，每天加班开"标题会"，一开开上几个小时，就是给推送的公号文章定标题。开会的诉求无非哪个标题看上去对受众最有煽动性，最有可能让受众点开。姑娘跟我吐槽,说她不明白浪费几个小时去做这种事情有什么意义。

我跟她说,这是在利用众人的"不明就里"做营销,很多平台看似在给出方向,不过是为了达成商业营销的最大转化,其中不乏刻意为之的歪曲和误导。

前文提到的我的那位女友,自己就是资深媒体人,而即便知道这些营销都是套路,她也难免陷于焦虑之中。

我们今天看到的种种营销,其势头之强,恨不得将标题写成"学了即天堂,错过即地狱"。对于这种焦虑营销,我一直认为很低级,相当于一边恐吓一边诱拐。

所以,我总是强调,具备独立思考的能力尤为重要。不管流行什么,不管别人一窝蜂都在干什么,我们始终得清楚自己在哪里,要去哪里,需要做什么,而不是一窝蜂被拐跑。

在一线城市里,尤其是北京、上海两地,这种焦虑的氛围尤甚。人们日常压力大,想安身立命并非易事,而一夜爆红、一夜暴富,想来是全世界人类的共同梦想。

但成名也好掘金也罢,都是有逻辑的。想起多年前,我二十多岁时参加的一个饭局,那次是对方请我姑父,刚好离我上班的地方不远,于是我作陪。对方是个五六十岁的房地产公司老板,席间跟我聊了几句,问起我的工作,我一一作答了,然后对方说:"小姑娘,你这个级别和职能应该年薪百万左右吧?"

我当时几乎要惊掉下巴,要知道我当时年薪连十万都没有。我当时想的是,难道房地产行业二十多岁的小姑娘就能赚到年薪百万吗?

多年以后，我方明白，当时对方之所以这样问我，原因是隔行如隔山，那时候房地产行业确实发展很好,可能有些人确实赚到了钱，尤其跟我说这话的是位房地产商。由于行业的不同，行业盈利空间大相径庭，同样是二十几岁的年轻人，房地产行业里确实有可能存在年薪百万者。但我们需知道，更多的年轻人，其实还是年薪十万左右。

当时身处文化行业的我，不能跟一个身在房地产行业的高薪年轻人相比，这一点，我必须清楚。同时，文化行业是我的选择，这个行业向来就不是个多金的行业，可能做一辈子都不会大富大贵，这一点我也需要明白。

有很多做文化的人跟我说，他们的目标是一夕成名、大富大贵，我只能说他们可能入错了行。在眼下这个互联网时代，人人都是自媒体，所以做"文化"这种东西看着毫无门槛而言。但就像我跟一位朋友聊天时提到的，始终是外行看热闹，内行看门道。真正好的东西，行家里手一眼就能看出来并且欣赏叹服，而更多的流行的东西，可能确实是一些懂的人趁着大多数人不懂，用来猛赚一笔的工具。

人生里没有什么是不能错过的，我们不可能每一步都走在点子上。确切点说，人生的流程并不是一条线直走下去，而是有很多选择。选择去从事房地产行业还是文化行业,选择去找一份工作还是创业，选择留在父母身边还是一个人远行，选择跟眼下的人过到老还是换一个……

每一条路，都有不同的机缘际遇在等着你。当你做出一个选择，你并不是选了瞬间，而是选了所有，选了如何付出、如何精进、如何收获、如何到达。

我始终不大赞同"错过"这个词,因为人不是先知,人总在犯错,人总会在不知不明的情况下,做出可能并不是最优的选择。这不叫"错过",而是我们当时的知识和眼界让我们只好如此。

很多人感叹自己运气不够好,始终在讲自己错过了诸多好时机,而其他人赶上了。我爸就曾经跟我说:"女儿,你能给爸借到两千万吗?能的话,爸就能一年赚个四五百万。"我答他:"如果有人借我两千万,我也能一年赚四五百万啊……"

所以说,没有所谓的"错过"。我们不是错过了四五百万的年盈利,而是我们在设想这个盈利前就忘记了自己根本没有两千万。同时,关于如何积累到最初的"两千万",我们也尚不得要领。

别让自己陷入『孤岛』之境

与人约在一家咖啡馆聊工作的事情，竟巧到碰到一位许久未见的女友。同在一座城市，之所以许久未见，是因为她怀孕、待产、生育，疫情时又回了父母家，直到前不久才回来。若不是偶然遇到，我都以为她还在老家。

聊起这一年来大家的境况，我们都不胜唏嘘。经济危机、中年危机、疫情，一时间劈头盖脸地砸下来。女友是个爱生活、爱情调、爱浪漫的人，她跟我讲怀孕期间太辛苦，孕吐厉害的时候基本没有力气出门，生完孩子后再没睡过一个踏实觉，基本每两个小时就要起一次，给孩子喂奶、换尿布、哄一哄，看着一旁蒙头大睡的丈夫，她不禁悲从中来。

可能这就是很多女性产后抑郁的重要原因——一个是身体的改

变,很多时候情绪不受控;另一个就是生养带来的过度疲累,以及在这种情况下与最亲近的人悲欢竟不能相通。这也正是为什么同性之间更能彼此理解:在你看来十分艰辛的事情,在异性眼中可能非常简单。换句话说,石头砸在谁的脚上,谁才会真正地疼。而生育问题,就像一块只选女性脚面砸的千斤巨石,你跟男性说它有多恐怖多疼,在他们听来可能不过是些形容词。

女友说她当时觉得自己焦头烂额力不从心一团糟,甚至偶尔会有轻生的念头,最后约了一位心理医生定期问诊,然后才慢慢恢复状态,重拾对生活的信心以及跟朋友们的社交。而让她意外的是,在很多人眼中,她竟然过着让人羡慕的生活——定居北京,家庭美满,夫妻工作都稳定,收入也还可以,又喜添新生儿……她给我讲这些时,非常无奈地笑,她说:"你看,人就是在彼此羡慕啊,以为别人的生活过得都很容易,都比自己好。"

刚好我前几天做一场直播时讲到了女性的社交。女性就是要保持社交,让自己的情感和思维流动起来,因为女性往往是要通过沟通来自愈的。这并不是说男性就不需要社交,只是相对于男性的习惯来讲,女性可能更容易从这个方面得到有力的帮助。女性是同理心、共感都比较强的,她们可以在沟通中对比参照、交换信息,与对方对话、与自己对话,甚至在别人的故事中释放自己的情感。这对她们来说是一种减压的方式,不仅如此,在减压的同时她们也会重新汲取力量。

这并不是很难理解的事情。好比大家看完励志剧后都在精神上备受鼓舞,而女性因为有更好的共感,所以她们往往更容易从别人的身上得到鼓舞和平衡。这也是为什么很多男性都在强调男性有多苦闷，因为在我们的传统观念里，我们比较不能接受男性去表达他们内心的想法，尤其是表现他们软弱的一面，最好他们表达出来的都是坚不可摧、无所不能。但人性一致，男人和女人其实都一样，都有软弱无力的一面，也有积极向上的一面。只是在我们的文化中，我们把女性表现出来的"弱"定义为女性美，而把男性表现出来的"弱"定义为无能，从而把男人和女人区分成两个极端。

我常鼓励我的朋友们去社交。很难想象这会是来自于我的建议，因为我本身并不是个很喜欢社交的人。但仔细想一想，很多人之所以强调自己不喜欢社交，大概是因为我们把社交狭隘地定义成了有功利性目的。但假如将社交对象换成与自己聊得来的三两好友呢？换成自己喜欢的人呢？氛围和主题都是自己喜欢的呢？恐怕大家基本都不会排斥。

也就是说，人并不是怕交往，人是需要彼此增益、交往的。只是如果在一个社交活动中，我们没有获得增益，反而感到消耗和挫败，我们就会讨厌它，认为是在浪费时间和精力。我前几天鼓励一位男性朋友多去进行一些自己并不排斥的社交，他说那会花费很多时间和精力。我问他是否想过人与人的情谊是靠什么维系的？其实就是靠花费这些时间和精力去维系经营的。你把社交养成情谊，它才会变成蓄能电池去供养你。

我们在社交中会获得更多的讯息，获得他人的视角，获得他人的见解，获得他人的悲喜。这些获得并不仅仅是"听说"，所有的"听说"其实都会在自己身上有个折射。比如我们看到他人的苦难，会感到自己的幸运；看到他人的不幸，会提点自己应该知足和惜福；而看到那些比自己更艰难却依然在顽强挣扎、努力向上的人，我们会大受鼓舞。这并不是说我们的快乐来自别人的不幸，而是身为人类我们有共同的悲喜。这些感受其实是来自人与人之间情感的流动，所以我们才会在看到别人艰难时心生悲悯，在看到别人苦尽甘来时也为之喜悦。

而假如你把自己锁成"孤岛"，你就感受不到这些。一个身在人世的人却感受不到来自人世的鲜活，这么长这么涩的人生，你又如何挨下去呢？

更好地维系平衡，需要一道屏障缓冲

婆媳交恶好似一直是个热门话题，无论是在影视剧中还是在现实生活中。归根到底，婆和媳彼此都是对方的"外人"。倘若是简简单单的外人也就罢了，却是要相互牵扯、相互干涉的外人，这种情况下，矛盾爆发的概率就大得多。其实子女与父母也会发生冲突，但因为彼此不是外人，所以哪怕闹得鸡飞狗跳，最后也还是能有所转圜。但换作婆媳关系就很难了，有些糟糕的情况甚至是从婆媳交恶闹到夫妻离婚。

通常，在婆媳交恶的情况下，我们会发现一个问题，就是中间本该起关键作用的丈夫／儿子，往往是个甩手掌柜，没有用心去打理和平衡两个女人之间的微妙关系。可能在他们看来，这些都是女人间的小事儿，甚至有些人心理不成熟到会为此沾沾自喜。长此以往，原本鸡毛蒜皮的小事堆成山也就成了大怨，战火一触即发，而后发展到不可收拾，这时夹在中间的这个男人便再撇不干净，连带自己可能都成了受害者。这种情形在现实里非常常见。

同样，在多子女家庭中，几个孩子之间是否和睦友爱，也完全取决于父母是否起到了良性引导他们情感关系的作用。也就是说，当矛盾出现时，夹在中间的人必须扮演起"屏障"的角色，来缓冲两方之间的矛盾，发挥调和、修复、黏合的作用。如果中间的人没有很好地发挥这种作用，任由一方直接杀向另一方，往往后果都是鸡飞蛋打，事情也不会变得更简单，只会变得更复杂更严重。

维系平衡、设置屏障当然不是简单的事情，它需要我们花费很多心力。理想状态下的交往是当我们表达一种情绪或观点时，对方可以百分之百地接收，且不会产生与我们原意有偏差的误解。但事实却非常有可能是，我们的表达只被对方接收了百分之二十，有百分之八十的部分被误解了。所以在这种情况下，沟通是非常吃力的事情，在沟通中我们更多的精力和情感其实是被误解和反复解释、反复阐述、反复表明消耗掉的。

所以我们会发现，善于沟通的人，并不是只善于与某类人打交道，而是善于和很多不同的人打交道，他们可以根据适用于对方的方法来不停调频。这并不是件容易的事情，事实上如果没有经过专业的学习和训练，很少有人能做到。

但即便如此，有人的地方就免不了要沟通，家庭的、社会的、团体的……这也就意味着一定会产生误解和矛盾。如果我们没有能力确保不产生误解或不生成矛盾，那么我们可以退而求其次：矛盾发生时，设置一个缓冲的屏障，减少损伤。每个人在不同的情景中都可能需要去扮演屏障角色，这是件耗费心力的事，所以有人会干脆躲开。但躲开的结果就是上面我们举例的，任由两边矛盾相撞，自己夹在中间为难。

如果你想在不同场景下维系平衡，那么充当屏障或设置屏障是你必须要做的事情。其间你必须调和矛盾双方的关系，消化矛盾本身，而不是反而激化矛盾。

而即便是在两方直接沟通的情况下，当我们直接面对我们的沟通对象时，我们也依然要设置一个屏障。这个屏障就是我们常说的"点到为止"，而不是直接杀到对方面门去。不管你是否有理，维系对手的体面也是我们的修养之一。

有趣的是，在普通社交中，我们出于利益的权衡和考虑，通常都做得到点到为止。但在亲密关系里，我们却经常刹不住车，好像把自己的情绪放大一百倍甩到对方脸上才能体现我们的愤怒。这种处理方式其实非常伤感情，更可怕的是，它可能还会伤到对方的自尊。有些伤害是可以治愈的，而有些则不能，我们强调点到为止，就是为了避免我们在失控的情绪下对对方造成无法治愈的伤害。

我们在与他人的交往交流中，就是要设立这样的一道屏障，而不是打着自己快人快语的名头想怎样就怎样。很多人（尤其是老一辈人）的社交世界里没有这样的概念，所以才会有让人讨厌、让人排斥、让人根本无法认同的"我是为你好"这类话题出现。一味快人快语,只图自己爽,无异于直接杀到对方面门,对方不反感才怪。

因此,对他人的尊重,与他人在不僭越的基础上交往和相处,就是要设置这样的一道屏障。你觉得快要碰到它的时候,就说服自己折回来,无论有什么理由都不要让自己冲过去。而当你在某个场景下扮演这个屏障角色时,更应好好地发挥作用,要将两边试图冲向对方的人好好地劝返。

内向的人也可以好好地表达

我做过很多场落地、直播及各种视频、音频活动，但到现在为止，每一场活动还是会存在一个问题：最开始的两三分钟里我的大脑不知因为紧张还是兴奋，会处于空白状态，脑子完全不知道嘴巴在说什么，两者结合不上，大概要适应两三分钟才能同步。

这种情况其实也发生在活动中期，上一秒讲得好好的，下一秒脑子就完全空白，忘记了所有事情。那一刻如同身体死机，我当然是慌的，只能告诉自己尽力平静，然后重启，把大脑和嘴巴重新连接。

每次活动下来都会有观众或工作人员说"老师，您讲得真好"，我猜大抵他们没有留意到我的这种死机状态，或者是留意到然后又忽略了。

如果你来问我觉得自己讲得好吗，那我想先告诉你，我本来是个什么样的人。

在我的成长过程中，有件事情我记得特别清楚。那时候我读初中，因为是寄宿学校，每个月放假一次。与其他同学不一样的是，我家与学校分属两个城市，单程的巴士要两个半小时左右。早年间的交通不像现在这样规范，赶上人多的时候人挤人是常有的事。有一次，旁边的人踩了我的脚。因为我实在不想开口说话，哪怕是"不好意思，您踩到我了"这么简简单单的几个字，都让我难以开口，所以我差不多忍了一路，直到对方下车。

后来讲这件事给朋友们听，朋友们笑话我说："你是不是傻？"我自己也觉得很傻，但我其实很清楚当时我的那种状态——不愿与他人有任何关联，哪怕是打一句招呼，或许没有自闭那么夸张，但确实是封闭的状态。这种状态其实在我二十多岁时依然存在，记得有一次父辈的朋友过生日，邀我一起去，我死活不肯，被家长说了两句，竟然自己哭了起来。这事现在听起来有些好笑，甚至有些无厘头，但当时的我确实就是这种状态。而慢慢将自己打开，大概发生在我二十七八岁时。

现在我再来回答前面的问题："你觉得自己讲得好吗？"

挺好的，因为我可以讲了。至于讲得是不是连贯，中间有没有遗漏，节奏把握得如何，与观众互动如何，这是通过事后总结以及不断的练习可以越来越顺畅熟练的事情。但对于作为当事人的我来讲，最重要的是我由原来的那样一个人，变得可以开口说话了，而且是在很多很多的陌生人面前。

很多人都是内向的，不愿意社交，不喜欢与陌生人发生关联。这可能跟我们的教育有关，也可能跟我们的成长环境有关，也可能是天生的性格使然。但我们知道，哪怕是一个性格内向的人，他的内心依然有很多想法，在适当的情况下，在有合适的交谈对象时，其实他也是愿意将自己的想法分享出来的。只是，这可能取决于他谈话的对象是否能让他觉得放松，让他觉得安全，是否能获得他的信任。

而说到在众人面前开口讲话，甚至面对的是很多陌生人，你首先要想的不是保护自己，不是别人如何评价我，不是我讲得够不够好，而是我要表达什么，我如何尽量将它表达完整。这是心理上的优先偏重，也就是你把你的注意力优先放在哪一处。如果是前者，那你很难真的放松，因为你要靠他人给你反馈，也就是始终有个打分按钮在别人手上，这种情况下你很难不紧张；但当你集中精力去思考你要表达什么时，你会很清楚这些表达的逻辑走向在哪儿，只要你提前做好功课，认真梳理，你就完全知道自己要讲什么、要分享什么、要传达什么，在你有充足准备及更多经验的情况下，它会自然而然地变得顺畅。

这两者之间的区别是，你的内心驱动不一样。前者是对人，后者是对事。对人，你需要反馈，而这个反馈其实并不由你掌控；而对事，是否已尽力，是否还有改善空间，作为当事人的你自己就很清楚。

我在这里拿"表达"来举例子，其实它并不仅仅是指在众人面前说话这件事。你的作品、你的想法、你的计划，当你想去向他人分享时，这些都是表达。

我们在现实生活中往往会感慨，当一个人做他自己擅长的事情时会显得格外有魅力，一个人面对自己热衷的追求时会格外有勇气。其实这就是因为在擅长且喜欢的领域里，一个人才能更好地"表达"自己，周围的人也会被他的这种"表达"感染。

所以，换一个角度来解读，其实不是你有没有勇气去表达自我，而是你的自我一旦形成，你就会自动地去表达；也不是你有没有勇气去表达一件事，而是当这件事对你非常重要且让你有很多想法、很多感触，驱动你想去跟更多人分享时，你自动就会有这种勇气。

因此，内向的人也可以很好地表达，而不是我们习惯认为的"我内向，所以我回避或害怕表达"。

去靠近那些让你变得更自信的人

前段时间某女团成员与其老板撕破脸的事闹得沸沸扬扬，女艺人公开了老板当着公司员工的面对她做出的各种负面点评。有的点评甚至上升到了人身攻击，而在网络上公开后，引起了轩然大波。老板对此不以为意，觉得自己并没有很过分，反而认为应该对偷偷录音的人追责；而针对女艺人把事情曝光的行为，老板认为更是不成熟不理智。

一时间网上全是关于这个事件的头条。这件事归根到底，是有些人惯用给一颗甜枣然后打十个巴掌的操作，通过打压一个人的自尊心、自信，使其自我否定、自我怀疑、寻求外援，这时候再给他／她所谓的"帮助"，让其感到感激且顺从。

这种行为常出现在交往过密的关系里，包括职场关系、社交关系、家庭关系。一方利用自己优越于另一方的见识见地来充当另一方"导师"的角色，但这个"导师"的心理是"你看，你什么都做不好，就得我来调教你"。如果说我们正常状态下教导一个人是为了让其在身心成熟、能力稳定的情况下达到独立，那么这种作祟的"教导"则刚好相反。

这个过程中当然会有真实的帮助，但相对于帮助，它带来的负面影响恐怕要翻十倍。有什么比拿走一个人的自我认同，让他永远觉得自己做错了、不够好，永远处于自责中更可怕呢？

一个人的幸福感往往来自对自我的认同及接受，一个人对自我的认同度越高，接受程度越高，那么他越容易心态平和，越容易对现实感到满足，也就越容易产生幸福感。反之，如果一个人自我认同很低，哪怕他的生活在旁人看来已很幸福，但就他自己来说仍然是战战兢兢、充满质疑。

记得《奇葩说》节目有一期辩论题目大概是"你要不要感激曾经给你挫折伤害的人？"这个话题我们并不陌生，因为我们会在很多人口中听到，尤其是那些在挫折下逆袭后获得了成功的人。于是他们说要感谢这些磨难，感谢这些不好的人和事，好似必须如此说才算完成了一个和解的仪式。但节目中一位辩手的角度让我印象特别深，也非常认同，她说："我要感激的不是那些给我挫折、难堪和伤害的人，我要感激的是那个在这些挫折、难堪和伤害下默默坚持下来了的自己……"

我们总是忘掉感谢自己，我们以为只要有朝一日我们站得够高，就可以以好看的姿态与世界和解，其实并不需如此。在这点上我很欣赏西方人的传统，他们无论是写书、演讲还是在公开场合参加其他活动,感谢的都是自己的家人、朋友,帮助自己的人,对自己有很大启发的人。的确,难道不是这样的人才更应该获得我们的尊重、感激?难道不是这样的人才应该更持久地在我们心中留有一席之地?

当然,我不否认在不同的契机下人都能获得动力,最后可能也都会得到一个好的结果。但即便看上去结果相同,实则还是有本质上的不同,就好比两个人都是武林高手,一个出身名门正派,一个来自旁门左道。那些被善意的帮助所滋养的人,散发的就是名门正派的气息,而含恨逆袭的人则像来自旁门左道,他们当然也武功高强能力了得,但他们也比其他人更容易动歪心思。没有被好好爱过的人,是无法好好去爱别人的,没有被好好尊重过的人,同样也是无法去尊重别人的。哪怕表面的姿态可以装,真实的心态却是很难掩饰的。

我的一位朋友跟我讲:"每个人的逻辑里都有对错,但对错不能决定一个人是否幸福,幸福是不分对错的东西。"所以那些一味说你错了的人,有可能他们在某些时刻是对的,他们说的并没有错,但即便如此,此时此刻他们却让你不幸福了。

人是要在自我肯定和自我接受中获得幸福和满足的。如果一个人企图剥离和打压你的自我肯定和自我接受,在这种情况下,对错就不是最重要的指标。这个人让你觉得不幸福甚至自我感觉很糟糕,那不用怀疑自己,这不是你的问题,或者说即便你有一些问题,也根本没有这么夸张和无可救药。远离这个误导你的人,去靠近那些给你好的信念和鼓舞,让你变得更自信的人。而通过打压来控制你,怕你自我觉醒、怕你自信起来的人,要么心理扭曲,要么怀有通过压榨你而利己的目的。

全情投入你当下的「角色扮演」

我有一位女性朋友，年纪五十岁左右，身份是纪录片导演、心理疗愈师、视频工作室发起人、瑜伽达人、作家……最近看她的近况，她又在忙着练习游泳。我自然很喜欢她，但触动我的一件小事并不是她身兼数职、精力旺盛、永远乐观，而是有一次在她下榻的酒店里我们聊天，聊到她的家庭和两个女儿。她由于工作关系会经常出差，时间长的话会有个把月。我问她会想女儿吗，她说，不想。

我很诧异，怎么会不想呢？她的家庭关系很和睦，夫妻很恩爱，亲子关系也好得很。她说："我出来工作，要扮演好我的工作角色，我回家，要扮演好一个妈妈的角色。但如果我出来了却分很多心力去想她们，结果既照顾不到她们，又让我伤神分心，反而做不好眼下的事情。"

全情投入，扮演好当下的角色，这是她一直教给她两个女儿的想法。这道理听起来简单，其实要做到知行合一是很难的。人总是在做着一件事时想着另一件事，选择一种可能性时记挂着另一种可能性。

而这种"想着另一件事，记挂着另一种可能性"的状态，便会让我们自苦。

我身边那些效率极高、行动力极强的女性朋友，基本都有同一个特点，就是她们做每一件事情时都特别"忘我"，这种忘我有时甚至达到了"无情"的程度。当然，这种无情不仅仅是对他人的，也是对自己的。

其实，与其说是"无情"，我更愿意说她们是将自己在不同场景下的不同角色区分得很细致且清晰，而她们擅长的是在不同角色、不同身份之间的转换，并且在每个场景下都发挥得好。这当然是种能力：首先，这是对"自我"的管束；其次，这也是对他人的尊重。

人其实是很难管束"自我"的，比如我们经常把职场上不高兴的事情带回家中，又把家中不高兴的事情带到职场上。我们也通常会因为早上的一件小事不高兴，从而影响了一上午甚至一整天的心情。

我们把另外一个场景下的"自我"带到一个全新的场景中时，或许意识到了自己并不应该这样做，意识到了这样做可能会给他人造成困扰，但在实践中我们又确实希望对方能够理解和体谅自己，希望对方能接收那个从其他场景下转换出来的"自我"。我们自身没有能力将它劝服回去，我们甚至希望通过他人的包容、安慰、帮助来把它劝服回去。但我们所接触的人群其实往往也缺乏这种能力，于是我们就开始转移矛盾，将"我此刻不快乐"变成了"你为什么不能让我快乐一点"。这是在现实中非常常见的情形。

除了我们将一个场景中的烦恼带到另一个场景中，还有一种情形是我们在角色界定不清的情况下，可能会陷入他人的烦恼之中。我们通常会评价他人，尤其是在这个人与自己有关的时候，我们会说他"为什么不这样做呢？这样做不是对大家更好吗？"而事实可能并非如此。每个人都有自己的角色和角度，当你从自己的角度去想"这样做对大家都好"时，对方可能从他的角度出发，选择了不去这样做，然后就引发了你对对方的谴责："他为什么不这样做？他是有什么问题？"

对方没有什么问题，对方只是有他自己的角度和角色。你的考虑未必是对方没有意识到的，但他之所以不这么去想、不这么去做，是因为你们的出发点和诉求不一样。就好比老板觉得如果员工能像自己一样对待公司的营收和荣誉那就最好不过了，而员工会认为老板如果不能尊重员工的想法，那他又怎么能是个好老板呢？

但事实上，员工不会跟老板的立场一致，老板也不认为自己能被称为一个好老板的标准是善待员工。

完成当下的角色扮演的一个好处是，你会从别人的角色烦恼中抽离出来，不去忧心和挑剔"他为什么不这样做"，你只需全情投入扮演好你当下的角色就好。比如在不同的场景下，你有不同的身份，那就不要出现角色错乱，弄错了你在当时那个场景下的"权威身份"。

我曾问过一些朋友，如果另一半很忙，他们会不会不快。大家的反应基本都是其实可以理解另一半的忙碌，但如果已经进入到家庭角色中，就该尽量收收心来一心一意地与家人相处，营造良好的氛围，而不是只是人在这儿，心思和精力都在别处，同时又叫苦不迭，希望获得他人的同情。

如果以我这位不同角色都能扮演好的女友作为示范，那其中精髓就是——人在哪儿，就把心思和精力放到哪儿。这样的调配下整个人才会处于最高效的状态。而你高效出色地完成这一场，才能放松安心地转到下一场。

我想保有"不喜欢"的权利

如果你到了适婚年龄,没有结婚也没有交往对象,他人对你的评价往往会是"你太挑了",然后对方会对你进行苦口婆心的开示与劝解,比如"你挑什么?你凭什么那么挑?普通人的日子不都一样过?人家都过得,你怎么就过不得?"

很多人被问到这里时,就会显得"气短"。是啊,自己也不是那么优秀,为什么其他人都能接受而自己不能?是不是自己太挑剔了?是不是自己自视甚高?是不是自己孤芳自赏?是不是自己太矫情?有些人甚至会被问得怒火中烧,却又不好发作。我的朋友们在一起时经常吐槽这种事,但其实这个事情的核心很简单,那就是——关你屁事!

我不优秀,但我有权利心向往之。我们通常说的优秀与否其实是通过外在的物质世界来衡量的,够不够年轻,家底够不够殷实,赚得够不够多、工作够不够稳定、前途够不够光明……如此种种，基本都是对一个人外化条件的衡量打分。但一个人喜欢什么、不喜欢什么，却是来自精神世界的情感，它虽然跟外化的条件有一定的关联，却没有必然关联。

我们不断渲染和强调"同化"教育，无非是为了剥除我们身上想保有"不喜欢"的那份权利。敢于"不喜欢"的人会被冠以"不务实""不合作""不成熟""不知天高地厚"之名。其实，诸如此类，归根到底不过是来自一个差异化个体的真实的"不喜欢"。

为什么当下社会单身率和离婚率一路攀升？因为来自差异化个体的"不喜欢"正在苏醒。过去女性对男性更为依赖，哪怕她们不喜欢，为了安身立命可能还是要投靠一个男人。但当下的经济体系非常适合女性从业，甚至有些行当更适合女性创业，那么当女性可以独立门户时，她们便把"不喜欢"这个东西从自己身体里明晃晃地抽了出来。因为不喜欢，所以不合作；因为不喜欢，所以不配合；因为不喜欢，所以不将就。

再比如，我们甚至发现当下的年轻人喜欢打游戏胜过谈情说爱。换个角度看，过去的人没有娱乐，甚至娱乐被视为伤风败俗，连电视节目都没有几个，那么年轻人那么旺盛的精力和热情到哪里去排遣？相比之下，走近异性、接触异性、谈情说爱这件事简直是太新奇有趣，太有吸引力了。而今天的年轻人，对待感情不但不觉得新奇，甚至觉得麻烦，因为他们很容易在其他方面获得满足和乐趣。好比你打游戏，你有目标，有攻略，有组队，有胜负欲，实在关卡难过，你还可以花钱解决，这怎么看都比你面对一个活生生的人要简单得多。

不断完善的个人化商业服务已经进入每个人生活的私密领域，

在过往年代中需要家庭成员或伴侣提供的帮助，在当下你可以通过消费完成，而支付一笔你能够承担的劳动报酬远比煞费苦心经营亲密关系简单得多。

换言之，越来越多的人，尤其是当下的女性，正在通过自身的独立来保有"不喜欢便不合作"的权利。与过往寄希望于一个男人以图安身立命相比，当下的很多女性更愿意依靠自己，毕竟，没有什么人比自己更可靠。

这不是什么"不成熟""不务实""不知天高地厚"，恰恰相反，这是在当下的环境中对她们来说最有利的模式。而指责她们"不务实""不知天高地厚"的人，不过是还活在几十年前的陈旧观念和固化思维中，没有看到当下的社会环境已经发生颠覆性的变化。他们以为自己活得久了一点，便可以拿照本宣科的唱词来开示甚至干涉他人，这实在是滑稽。

理想状态下，每个人都应保有"不喜欢"的权利。但在我们的传统思维中，你若说你不喜欢，你便会被定义成一个叛逆者，需要被教育、被改造。我们的文化里，没有对女人的尊重，以至于一个女人结不结婚，生不生孩子，如何养孩子，都能被周围任何一个人指手画脚地教育一番。

而我所理解的当下女性群体的努力，绝不是为了成为一个条件优越的逆来顺受者。她们想更多地保有"不喜欢"的权利，将原本约束她们的绳索一根根剪掉，恢复活力，变得生动勇猛起来，活成她们自己期待的样子。每个人都能给自己一个自己喜欢的面孔和名字，而不是再为他人的期待默默牺牲自己，蜷缩得只剩一个被贴上"甘于奉献"标签的性别。

想快乐，你要学会拆除伪命题

现实生活中人人都有烦恼，甚至包括对自己的不满意，尤其是在与他人对比之后。你朋友圈里的人好像都过得比你好，你的同龄人好像都发展得比你好，那些原本能力或起点不如你的人，可能现在也过得比你好。于是我们开始问自己，到底是哪里出了问题，是自己能力不够吗？还是自己命不好？

人是很有趣的，你想让一个人精神或情感自足，其实很难，但是如果你给他一个对比，他就很容易做到自足。如果你给他的是一个比他更优的参照，他会觉得挫败；如果你给他的是一个不如他的参照，他便会得到自足，甚至对不如自己的对象心生悲悯。

以我们的同学圈，或者说我们较为熟悉的行业小圈子为例。你觉得挫败的时候，基本都是听说同学圈里有人发迹了；或行业小圈子里你认识的人站上了风口，看似实现了财富自由，如此种种。这种情况下，我们通常就会问自己，自己是在干吗？为什么别人发展那么快，而我那么慢？为什么别人获得了成功，而我没有？

但假设你有闲心和耐性，你可以去采访一下你当年班级里的所有同学，去看看大家现在各自在生活中处于一个什么样的位置或状态，再耐心一点听听这些年他们都经历了什么。我想在这之后你的心境可能会平静许多，得出的结论大概会是：

1. 原来谁都不容易；

2. 有人比我幸运，也有人比我不幸；

3. 大家的人生大抵是殊途同归的。

你得出以上结论时，大概同时你也获得了一些平静。因为在此之前，在你的朋友圈中被你关注到的，只是那一两个佼佼者。这些人的成功和幸运会让你以为人生就该如此，自己也该如此。

大家很熟悉的两位电商超级主播李佳琦和薇娅，基本都是日入百万，年入过亿，以至于李佳琦还一度因购置上亿豪宅的假消息被推到风口浪尖。作为普通人，我们则感慨，他们到底要赚多少才会收手呢？如果换作我们，别说日入百万，就算年入百万我们都可以计划养老了。

但事实真是这样吗？我们可以看到，那些年入百万的人基本都是拿命在拼，更别说日入百万的了。虽然两位超级主播背后有相关的团队、平台、供应商，但更重要的还是他们多年的经营和努力，包括在身体健康上的严重消耗。我们来试想一下，每一场直播选品几十件，而薇娅几乎天天在播，且不说线下又要花多少精力去做整体运营和持续推动，单从简单的时间分配上看，有多少人可以做到？我们也看到很多励志型的"成功人士"每天只睡三四个小时的觉，单从这一项看，又有多少人可以做到？

我们渴望成功也羡慕成功，但归根到底，我们更羡慕的是它的偶然性，好像它是凭空而来的，就像一个超级大的大礼包砸到某个人的头上。我们如果能够把成功这种事理解为地面上的建筑，能够仔细想一想建造它到底有多辛苦，需要多少铺垫积累，自己能不能付出这份辛苦，有没有这样的抗压能力，有没有这样的决心和动力，能默默坚持多久……恐怕很多人就会打退堂鼓。

但我们从来不这样去想，我们只愿相信成功靠的是好运气，凭空就砸向一个人。我们生气懊恼，感叹为什么这样的好运气不砸向自己。

当我们较为深入地去分析一些现象时，我们会发现成功并非无迹可寻，并非偶然。那个在你朋友圈里突然成为佼佼者的人，可能在此之前他静默出力了十年，比其他人都更艰辛。而在对方过得比其他人更艰辛更隐忍的时候，我们可能正在尽可能地让自己舒服，让自己享受。

由此一想，每个人只是按照自己对人生目标的不同理解而选择了不一样的道路。对方选的路有对方的终点在等，你选的路也有你的终点在等。这里面当然有命运的成分，但一个人选了一条什么样的路，这是最基本的前提。

其实每个人都没有什么好被羡慕的，大家只是各自选择了自己要选择的人生，从开始时它便是不同的路，有很多分支。而行到中间时，我们却开始困惑，好像路的尽头只有一个广场，那个广场叫作"名利场"，如果你没有走到那个广场占到一席之地，那这条路你就选错了。

  我们常说，不忘初心。不忘初心的意思就是你要记得当时你为什么选了这条路，而不是看见有人狂奔向名利的广场，你就也跟着狂奔起来。那个广场可能并不是你要去的地方。你可以稍微冷静一下，问问自己，你要去哪里，要过什么样的生活，而不是粗暴武断地说每个人都想过更好的生活，都想有更大的房子和更名贵的车。这种论调其实是一句空话，在现实里起不到任何帮助作用。

我想送你一点『力量』

写在最后的寄语

谢谢你把书翻到了最后一篇。你可能是完完整整地看下来的,也可能是挑挑拣拣;可能很喜欢,也可能不喜欢;可能有认同,也可能有不认同……总之,有很多可能。而我自己在写这本书的过程中,也一直在变:主题在变,内容在变;文章之外,环境在变,人的心态也在变。

成年人大抵都是希望于人前展现自己的"绝对正确"的,被人批评或揭穿可能都是尴尬的事情,会让人觉得丢脸,甚至恼羞成怒。但没有"绝对正确"这回事,所以有时我不得不一边遭受尴尬,一边提醒自己"这是很自然的事情"。我跟一位朋友探讨过这个问题:如何面对别人的批评?我们自认都是心理相对成熟的人,但我们不得不承认,其实面对批评时我们还是会有一瞬间的不爽。

人既不是完全靠理性活着，也不是完全靠感性活着。理性告诉你这样做是对的，感性却会让你不爽——这是大家身上都常会出现的矛盾，是人自己对自己的背叛。这很无奈，也很有趣。

我不大会在公开场合提到我的病，因为我认为这可能会占用大家的情感或同情；而我其实是在陌生人面前很克制的人，这也比较让我难为情。但换一个角度，如果你能从中得到鼓舞，那我将它分享出来也未尝不可。

乳腺癌早期，术后两年零八个月，需要服药五年，每个月一瓶小药丸，也就是攒够六十个空瓶子，我的这段"渡劫飞升"才能算告一段落。有一次一个视频平台想找我合作，但对接的编辑惹毛了我，她给我的定位是"抗癌作家"，然后她接了一句"挺好玩的"。可能是她情商不高，可能是她表达不完整，总之，这两句话连在一起实在看不出有什么好玩的。谁会觉得自己受死亡威胁、受病痛折磨是件好玩的事呢？尽管绝大多数情况下，我看起来确实是活蹦乱跳的，是相对从容的，但这不代表我没有恐惧担忧的时刻。我只是在尽量保持大脑清醒，让这些恐惧不要扩散出去，不要变成他人的负担。

也正是身体原因，让我在心态上发生了一些变化，总体来说我要比之前"宅心仁厚"得多。假如你看过我上一本《不抱怨不抱歉》，就会发现那里面的"我"火药味十足。而这本书中，讨论问题的严肃程度其实并没有降级，甚至可能更高一些，但从一些角度看，现在的我要比那时的我体谅得多。

我认为，这是我这两三年间的成长。

人区别于其他物种的最特别之处，在于人的精神世界，也就是人始终在探讨生命的意义，包括各个方面、各个事情的意义，哪怕是一件小事。这是人自苦的地方。但如果他们找到了这个意义，便又像得了一个奖赏，他们为之欢愉笃定。

我始终记得在我的一场落地活动上，一个女孩子问我为什么要致力于探讨"女权"和"女性成长"的话题。用她的话讲，我看上去年纪轻轻且生活状态也算不错，为什么要碰这些既严肃又好似与自己关联不大的话题？

我承认这些话题严肃，但我不认为它们与我关联不大。它们与所有人都息息相关，包括女人，自然也包括男人。在她的追问下，我讲了自己的身体状况，讲了生病这件事给我带来的心理变化。此前，我更追求个人生活的有趣，而现在，我在追求个人生命的意义。

我始终记得那个场景，在我回答之后，全场寂静，大家可能完全没有想到面前坐着的这位看上去精力充沛的女作家竟是这种状况。于是在这样的气氛中，我说了那句在活动后被很多人热转的结束语——我当然有权利向这世界展示我的脆弱，但我更愿意展示我的力量。

此刻，我也将这句话送给读到这本书的你。愿每个人都被命运温柔以待，但纵使在暗夜中行进，我们仍可选择点亮自己，因为那是人类最原始、最蓬勃的生命力，它不借外力，它就在我们每个人身上。

附

乔迦二十问 @ 乔迦

Q：如何看待、解决：具备"拎得清"的清醒，但架不住下决定时的心软？

A：我有位男性朋友，他说他有一次特别难过，于是在大街上暴走了三个小时。三个小时后，他想通了，理性战胜了感性，不再难过了。这事好像听着不错，但其实在现实里很少有人能做到，因为人的情绪总是在反反复复地矛盾。我的想法是，你的思绪可以矛盾，但决定要果断，要能及时止损；至于内心的那些纠结，就交给时间去慢慢平复。千万不要在行动上反复，那反倒是招人厌的。

Q：我总有莫名的"责任感"，希望能够对一切事都负责。如何才能学会给自己减少负重，让自己活得更痛快一些？

A：人不可能对一切负责，这个我们得知道。或许人越在年少时越觉得自己"法力无穷"，而长成中年人，就会发现生活处处都是掣肘。所以我们不是对"一切"负责，而是对"一部分"负责——与自己紧密相关的一部分。能做到这一点就很了不起了。同时，负责不代表让自己不快活。我们可以换个角度讲，就是你通过自己的负责，其实在给自己营造一个让自己满意的环境，你本身也是受益者。

Q：开始一段新的恋情时，是否有必要坦诚相待，对自己的过往情史毫无保留？

A：我认为是没有必要的。但你选择坦诚，其实可能不是出于需求，而是出于情感的热烈，因为情感热烈，你恨不得把自己的前世今生都跟对方分享。如果我们冷静一下，就该知道，没有一段感情需要你坦白你的前世今生。不必刻意欺瞒，尤其是恶意的欺瞒就更不应该，但同样，也不必刻意把自己全盘托出。

Q：通常恋爱进行一段时间就极易产生情感倦怠，该如何改变这一现状？

A：爱是没有尽头的，但热情转瞬即逝。我们常说的"情感倦怠"其实不是说爱走到了尽头，而是热情劲儿过了。而热情，其实只存在于两个人交往的初始，互相好奇、心生爱慕的阶段，之后便是磨合、观察、共同成长、共同预设未来、共同经历，这是个很浩大的工程，可能一生都未必做得完善。所以我们不要以为我们热恋过了，我们的任务就完了——这才刚开始啊。

Q：性别到底是否应该成为评判标准？

A：这个问题是要放在特定语境下去讨论的，比如说，男女体能上的悬殊，这是天生的，所以我们提到的家庭暴力，往往都是男性对女性施暴。虽然也有女人打男人，但那是极少数。但如果是让一个男孩儿和一个女孩儿同时去读书、接受教育，他们日后的人生走向其实要看他们各自的际遇，性别在这个环节就不起决定作用。遗憾的是，我们太习惯于把所有事情都根据性别两极化地去处理，而真正该明确保护的地方又都不明确保护。

Q：我们该和不爱的人结婚吗？

A：每个人选择婚姻的目的都不同，爱情和婚姻也从没有说必然联系在一起，事实上古往今来绝大多数的婚姻可能并不是真正源于爱情。并不是说源于爱情的婚姻就高尚，反之就低俗，这还要看个人的诉求。让你选一个性价比高但你不爱的人来结婚，你能不能满足，能不能在让对方满足的同时自己也获得幸福，这才是我们选择的关键。

Q：经常向与自己关系好的人抱怨，真的会让关系变淡吗？

A：首先，抱怨肯定不是一个好习惯，它有个度，就是说什么程度才叫抱怨。如果到了很严重的程度，其实是会给对方造成困扰的，抱怨的人一出现就像个重霾天，谁能受得了天天重霾呢？另外就是，这个抱怨应该是相互的，你偶尔情绪不好麻烦到别人，当对方情绪也不好时，你也要允许对方麻烦自己。

Q：我觉得自己有很严重的外貌焦虑，虽然心里明白，但实在不知道如何才能走出自卑，重拾自信。我该怎么办？

A：很多人都有外貌焦虑，这和我们每天所接收的信息、所倡导的审美有关。到处都在强调美和年轻，尤其对于女人来讲。事实上这个倡导是很有问题的。套用林清玄的一句话，三流的化妆是外貌的，二流的化妆是精神的，一流的化妆是生命的。所以我会建议所有人完成"生命的化妆"，因为只有到这个层面，你才会感受到力量，而不是被美丑或者其他什么东西左右。

Q：简单粗暴点来提一个问题吧，它困扰我已久：如何放下痛苦，快乐生活？

A：快乐是短暂的，且转瞬即逝。相比追逐快乐，我建议先做到"乐观"。乐观的东西是积极的，是引导一个人向前走，向好的方向看，让自己有信心。当你做到了乐观，自然而然离痛苦的泥沼就越来越远。很多人惧怕痛苦，死命挣扎，但光有惧怕是没有用的，你得有方法，而这个方法其实就是变得乐观一些，达观一些，而不是把让你感到痛苦的事不断放大。

Q：不知道为什么，在人群中，我总是不合群的那一个，到底如何才能找到归属感？

A：我最近几年常用到的一个词是"力量"。你生命的力量来自什么，这个归属感就是什么。如果你感受到的力量并不是来自人群，那么不必强行去融合，你要找到力量的所在，因为是这份力量在撑着你。但就算不喜欢合群，与人相处还是要讲究一些技巧的。你可以不喜欢社交，这与在社交时呈现一个好状态并不矛盾，两者只是不同场景下的不同分工而已。很多人会以为，我不喜欢社交，那我的社交状态就理应不好，这是个误解。

Q：为什么我始终学不会拥抱生活的不确定性？

A：我想 2020 年年初的新冠疫情，可能给全人类都上了一课。在这之前我们认为明天就是明天，跟今天不会有太大区别，一切都会越来越好，但是事实我们也看到了。这就是生活的不确定性，确切点说，不是你要拥抱它，而是当它发生时，你要有能力招架它。我常听人说"等我准备好了，我就去做"，其实不是这样，没有什么是你准备好了才开始的，你要时刻准备着。

Q：特别讨厌自己一点：总是对人掏心掏肺。如何才能避免自己过度分享信息？

A：我们说对人掏心掏肺其实是指感性方面的，指性情上的。但社交，尤其是职场社交，其实是专业性很强的。我们总认为我们掏心掏肺是好事，但换个角度，它在职场社交中可能就是违背原则的，反而不是优点，而是我们专业素养不够的表现。我们急于给，是因为我们认为自己给的东西是好的；若你知道它其实有所欠缺，你还会那么急于给吗？过犹不及，说的就是这个意思。

Q：书里提到很多男女两性之间的矛盾冲突，你认为男女是对立的吗？

A：我认为男女两性应该是协作的关系，之所以书里提到很多看上去在"控诉"男性的内容，是因为在两性协作这个问题上，我们传统男性思想实在不怎么配合。很多人对"女权"这个话题嗤之以鼻，甚至妖魔化，但其实女权不过就是要两性能相对平等地协作。我们自己其实也能够看出来，男权社会制度下的受害者并不仅仅是女性，而是两性，只是很多人不想去面对这些问题，因为这意味着我们要从自身先开始改变。

Q：你认为"性别平等"这种教育是很必要的吗？

A：非常必要。如果从生理上来对人进行性别分类的话，就是男性和女性，而心理层面则会有很多分类。我们在生活里不可能只跟同性接触，建立亲密的伴侣关系、家庭关系往往就是跟异性紧密生活在一起，包括我们工作、社交时也不可避免会跟很多异性在一起。如果我们连了解和尊重另一性别的意愿都没有，我们如何经营这些关系，又何谈能经营好呢？

Q：原生家庭给我带来很多苦恼，做得太决绝又怕父母伤心，但自己其实是不开心的，不知怎么平衡？

A：可能这是全世界家庭都会面对的共同难题。不管国内还是国外，大多数的父母都不是"理想父母"，甚至会给下一代带来很多困扰和伤害。但父母其实是很势利的，他们的角度是很实际的。作为成年人，首先你要完成经济独立，这意味着你有远离他们的底气，他们清楚这一点后就会有所收敛，你得不断通过自己去证明"我和你是平等的，你无法支配我"。

Q：害怕与人发生冲突，但很多情况下其实自己又并不认同对方，只能生闷气或者吃亏，怎么改善呢？

A：中国人一向提倡"以和为贵"，好像我们与人发生冲突是很不好的事情。其实不是，人与人的不同是再正常不过的事情，我表达出我的不同，不代表我要发起战争。很多人把表达不同理解成发难，这说明我们日常对"不同"这件事的认知就存在根本问题。如果你按下了自己的"不同"，越压越多反而会积怨，所以理智、平静、坦诚地表达不同意见，这是我们日常就该练习的事情。

Q：你认为单身更好，还是结婚更好呢？

A：我们讨论的问题从来不是单身更好还是结婚更好，而是如果你选择单身，如何更好地单身；如果你决定进入婚姻，如何更好地经营婚姻。每个人需要做的是努力认真对待自己所做的选择，当然任何一个选择都会有利有弊，这是需要你自己去评估和承担的。这也正是为什么旁人的"为你好"让我们讨厌，因为那是我的问题，并不是他的问题。

Q：如何控制好自己的情绪？

A：人的本性是趋利避害的，往往我们能够在利弊面前压住自己的情绪，却又在没有利弊的情况下放肆，这是需要我们自戒的。换个角度，你有坏情绪出现是因为你遇到了你认为棘手的问题，那你需要做的是想办法尽快解决，而不是发火。反复练习这种处理方式，是很有效的，同时，哪怕在没有利弊的情况下，我们也要知道还有另外一个东西在约束着我们，那就是"教养"。

Q：总是感到孤独，这是病吗？

A：感到孤独和感受到其他情绪其实是一样的。我们可以在各种文艺作品中看到对孤独的描绘，有人说孤独可耻，也有人说孤独高贵，其实它仅仅是一种敏感的感觉而已。感到孤独时，如果它让你感到很痛苦，你要想办法缓解，如果它于你无碍，那就让它存在好了，这并不是多可怕的事。

Q：怎样才能减少自己内心的恐慌？

A：恐慌是很主观的东西，我有一个方法是，如果你陷在一个主观情绪里，你就把它往客观转化。比如说不要说"我总是恐慌"，而是去拆解你恐慌的到底是什么具体的事情，然后针对每一件事去想对策并且实施。当你着手去做的时候，主观的恐慌感受就会减弱。

当你活得通透，才能过得舒心